독자의 1초를
아껴주는 정성을
만나보세요!

오래 익힌 술이나 장맛이 밴 책을 만들고 싶습니다.

땀 흘리며 일하는 당신을 위해

한 권 한 권 마음을 다해 만들겠습니다.

마지막 페이지에서 만날 새로운 당신을 위해

더 나은 길을 준비하겠습니다.

매스매틱스

매스매틱스
4

이상엽 지음

길벗

Preface

수학에 인격이 있다면

아마 불같이 화를 낼 거예요.

자신은 교과서와 전공 교재라는 틀에 갇혀 있는 것이 아니라고요.

다른 학문과 기술을 위해서 존재하는 것도 아니며

점수 따위로 재단되는 것은 더더욱 아니라고요.

자기를 미워할 거라면

제발 누구인지는 좀 알고 나서

미워하라고요.

제가 이 소설을 쓴 이유는 수학 지식을 전달하고자 함이 아닙니다.

이 소설을 통해 여러분이 수학과 친해지기를

바라는 마음에서 썼습니다.

이 소설의 주인공은 여러분입니다.

에피소드 7 — 페르마 시대

에피소드 8 — 뉴턴 시대

에피소드 7

페르마 시대

Fermat

객(客)

I.

짝 짝 짝.

뜬금없이 들려오는 박수 소리에 뒤를 돌아보았다. 역시 '그녀'였다.

"두 사람 감동의 재회를 방해해서 미안. 아무리 봐도 영 이상해서 말이야. 아니, 애초에 이럴 거였으면 대체 저 애는 왜 고용했던 거?"

그녀는 바닥에 쓰러져 있는 이를 가리켰다.

"알레시오한테 얼굴을 드러내지 않으려던 게 원래 네 계획이었잖아? 지켜보니까 일도 되게 잘 풀려 가던데, 이렇게 마지막에 갑자기 난입한 이유가 대체 뭐지? 이해가 안 되네."

알레시오. '그'는 몹시 놀란 표정으로 나와 그녀를 빠르게 번갈아 보았다.

"서연아, 지금 이건 무슨 상황이야? 저 녀석이 하는 말은 또 뭐고? 네가 설마 저 강도를 고용했다고?"

나는 작은 숨을 깊게 그리고 길게 내쉬었다. 두 뺨에 흐른 눈물 자국을 닦고서는 자리에서 일어나 우선 그녀의 말에 답했다.

"오늘이 마지막 날이라며? 어떻든 네가 준비했던 무대는 모두 무사히 끝났잖아?"

"그거야 그렇지만, 예상치 못했던 이런 일은 좀 곤란하거든. 너의 이런 작은 돌발 행동들이 나중에 어떤 나비효과를 불러올지 과연 네가 아느냔 거지."

그녀의 말투엔 빈정과 건성이 반쯤 섞여 있었다. 문득 내 눈에 내가 방금 쓰러뜨린 사내가 들어왔다.

"혹시 저 사람 때문에 그러는 거야? 걱정하지 마. 저자는 내가 누군지도 모르니까. 고용료도 건너 건너 받았을 뿐이고, 마지막에는 뒤에서 목을 졸렸기 때문에 끝내 내 얼굴조차 보지 못했어. 분명히 너도 그 모든 과정을 다 보았잖아?"

그녀는 코웃음을 쳤다.

"저 아이는 그렇다 치고. 그럼, 알레시오는 어쩔 건데?"

고개를 숙여 그를 보았다. 그는 여전히 이 모든 상황에 혼란스러움을 느끼는 듯 넋이 나가 있었다.

"너와 나의 대화까지 모두 들어버렸으니까 알레시오야말로 나중에 큰 문제를 일으키지 않겠어? 지금 당장이라도 기억을 지우지 않는다면."

"안 돼! 그건!"

나는 재빨리 그의 앞을 막아섰다.

"말했었잖아! 다시는 그 증상. 고통을 주지 않겠다고!"

"크크. 그거야 당연히 네가 약속을 잘 지켜줬을 때의 얘기고."

"문제없을 거야! 약속할게. 만약 이 일로 인해서 훗날 네 계획이 틀어질 징조가 보인다면…, 그때는 내가 직접 그의 기억을 지울 테니까."

"…"

"그리고 어차피 넌 우리의 기억을 완벽히 지울 수도 없잖아? 그게 가능한 건 오히려 나지."

그녀는 일그러진 미소를 지으며 고개를 두어 번 가로저었다. 불쾌함의 표현일 거다. 자신의 세상에 자신 뜻대로 할 수 없는 존재인 나에 대한. 하지만 그렇다고 해서 딱히 내 말에 반박할 수도 없을 테지.

그렇게 몇 초간의 정적이 흐르고, 그녀는 다시 우리 쪽으로 서서히 걸어오며 말을 이었다.

"그래. 이유야 뭔진 몰라도 그분이 널 되살리신 거니까. 네가 내 계획을 돕겠다는 처음 의지만 바뀌지 않는다면 이런 사소한 것 정도야 눈감아 줄 수도 있어."

그녀는 이내 다시 그 특유의 웃음을 실실 흘리며 바닥에 앉아 있는 그를 쳐다보았다. 그 역시 잔뜩 힘을 준 두 눈으로 그녀를 바라보고 있었다. 그런데… 왜인지 그의 시선이 향한 곳은 그녀의 머리 좀 더 위쪽, 허공인 듯했다.

"자! 그럼, 이제 다시들 작별 인사 나눠. 떠날 시간이니까."

"뭐? 벌써?"

"그래. 그럼 내가 뭐 여유롭게 시간을 줄 줄 알았어?"

그 순간.

"너 이 자식. 대체 서연이에게 무슨 짓을 하고 있는 거냐?"

그동안 가만히 우리의 대화를 듣고만 있었던 그가 땅을 짚고 자리에서 일어나더니 그녀, 아니, 정확히는 아까처럼 그녀의 머리 위쪽 허공을 응시하며 말했다.

"뭐?"

"그동안 내가 모르는 뭔가 많은 일이 둘 사이에 있었나 본데. 분위기를 보아하니 아마도 네놈이 서연이의 약점이라도 쥐고 흔드는 모양새란 말이지. 뭐냐? 당장 말해. 한 대 얻어맞고 싶지 않으면."

그녀는 나를 보더니 입을 비쭉이며 양어깨를 으쓱해 보였다. 난 작은 한숨을 내쉬고서 둘의 사이에 파고들었다.

"그만해. 그런 거 아니니까."

"으, 응?"

비록 말은 세게 했다지만, 그의 눈빛은 여전히 불안하게 흔들리고 있었다. 나는 애써 미소를 지으며 한 손을 들어 그의 머리를 차분히 쓰다듬어 주었다.

"시간이 없으니 지금은 자세히 말해 줄 수 없지만, 쟤는 이제 더 이상 날 어떻게 할 수 없어. 그러니까 걱정 안 해도 돼."

"하지만 저 녀석은…!"

"어차피 우린 곧 다시 만날 거야. 그때는 함께할 시간도 많을 거고. 그러니까 조금만 여유를 갖고 날 기다려 줘. 이번에는 내가 널 찾아갈 테니까. 최대한 일찍."

"… 그게 다 무슨 말이야? 응? 서연아?"

나는 마지막으로 그와 눈을 좀 더 맞춘 후 손으로 살포시 그의 눈을 가려 주었다.

II.

'여긴…?'

유난히도 많은 별이 반짝이는 하늘 아래, 풀숲 한가운데서 난 다시 눈을 떴다. 그녀의 마법에 세상이 또 한 번 뒤바뀐 것이다. 어째선지 나는 바닥에 앉아서 하늘을 올려다보고 있다.

무심코 오른손을 보니 무언가 들려 있다. 깜짝 놀랐다. 테트락티스[1] 형태의 화려한 펜던트가 달린 예쁜 목걸이였다. 내가 왜 이런 걸 들고 있는 거지?

빠르게 이 시대의 기억을 갈무리해 본다. 내 이름은 샤를롯. 지금의 내가 이곳에 있는 이유는….

그때 어디선가 짐승들의 움직임 소리가 들린다.

움직임 소리가 나는 곳을 보았다. 아니나 다를까. 어둠 속에서 그 수를 미처 다 가늠할 수도 없는 늑대 무리가 사납게 눈을 번쩍이며 내 쪽으로 몰려오고 있었다!

---

1 네 개의 층으로 된, 자연수 10을 형상화한 정삼각형의 피라미드 구조.

깊이 생각할 겨를도 없이 나는 자리에서 일어나 전력을 다해 앞으로 달렸다. 그런데… 어디로 도망쳐야 하지? 여기서 가장 가까운 마을은 오히려 내가 뛰는 쪽과 반대 방향인 늑대 무리 쪽인데.

이 주변 일대를 상세히 머릿속으로 그려보는 그때, 구사일생으로 내 앞에서 한 무리의 불빛이 나타났다. 사람들이다.

“도와주세요! 지금 늑대 무리에 쫓기고 있어요!”

다급한 내 목소리가 닿았는지, 잠시 주춤거리던 불빛은 다시금 분주히 내 쪽을 향해서 다가왔다.

적지 않은 불빛 수를 늑대들도 눈치챈 건지, 날 따라오는 소리가 점차 멀어지기 시작했다. 다행이다. 정말로 천만다행이야.

온통 어두운 갈색의 의복을 걸친 사람들은 저마다 손에 무기를 들고 있었다. 이내 얼굴이 보일 만큼 사람들과 가까워진 나는 안도의 숨을 내쉬며 그대로 바닥에 주저앉았다.

“어엇! 저, 정말로… 여기 계셨군요. 샤를롯 선생님!”

갑자기 들린 내 이름에 깜짝 놀란 나는 고개를 들어 목소리의 주인을 보았다. 다른 사람들과는 명확하게 구분되는, 화려한 금실이 장식된 은빛 갑옷에 검은 부츠를 신은 젊은 귀족 사내였다.

하지만 처음 보는 얼굴이었다.

“저예요. 접니다, 선생님. 기억 못…하시겠어요? 저 피에르인데.”

말을 더듬으면서도 무척이나 반갑다는 표정으로 날 바라보는 그의 얼굴을 나는 한참이나 빤히 쳐다보았다.

Ⅲ.

피에르 드 페르마.

후세에는 흔히 '아마추어 수학의 왕자'라는 수식어로 불리며, 수백 년간 풀리지 않은 희대의 난제 '페르마의 마지막 정리[2]'를 남긴 천재 수학자.

언젠가는 볼 날이 올 거라 기대하고 있었지만 그게 이번 삶일 줄이야. 더군다나 그 페르마가 무려 날 선생님이라고 부르고 있다.

"그럼, 그… 언제부터를 기억 못 하시는 건지요? 선생님."

페르마와 자신을 루이즈라고 소개한 그의 아내는 걱정이 섞인 눈빛으로 날 보고 있다.

샤를롯인 지금, 나는 유년 시절부터의 기억을 찬찬히 복기해 본다. 여섯 살 때 내가 살던 지역에 돈 흑사병으로 부모님과 언니를 잃고 혼자 남겨진 나는 수녀원에서 자랐다. 또래 친구들보다 학업 성적이 우수했던 나는 마랭 메르센 신부님의 눈에 들어 신부님과 함께 프랑스 전역을 돌아다니며 교육을 받았다. 특히 수학 성적이 뛰어났던 내게 신부님은 어느 날 고전 수학 서적들의 번역 작업을 제안하셨고, 이를 흔쾌히 받아들인 나는 보르도 지역의 한 집으로 파견을 가게 되었는데.

이상하게도 그 이후로의 기억이 없다. 마치 장황하게 꾼 꿈을 잠에서

---

2 148쪽 참고.

깨어난 뒤 한참의 시간이 지나 떠올려 보려 하면 까맣게 잊어버려 기억나지 않는 것처럼.

"보르도… 하지만 여기는 툴루즈인데?"

"네! 맞습니다, 선생님. 제, 제가 보르도에 살 적에 저에게 수학을 가르쳐 주셨었죠!"

무심코 뱉은 말에 페르마가 반응해서 난 깜짝 놀랐다. 그는 활짝 웃음을 지어 보였다.

"제가요? 보르도에서 말인가요?"

"네! 아폴로니오스의 기하학부터 시작해서 많은… 내용을 가르쳐 주셨는데 전혀 기억이… 없으신 건가요?"

나는 다시 온 신경을 집중해 그때를 떠올려 보려 했다. 하지만 보르도에 도달했던 기억까지만 선명하게 떠오를 뿐, 그 후의 기억은 답답하리만치 단 한 장면도 떠오르지 않았다.

더구나 내가 페르마에게 아폴로니오스의 기하학을 가르쳤다니? 지금의 나라면 또 모를까, 그때 당시의 나는 남에게 수학을 가르칠 정도의 수준이 아니었거니와 그럴만한 용기조차 없었다. 게다가 페르마는…

"제가 감히 의원님을 말인가요?"

"아… 이런. 정말로 기억을 못 하시나 보네요. 그때는 제가 의원이 아니었었죠. 그냥 평범한 변호사였는데."

그때 페르마의 아내, 루이즈가 부드러운 미소를 지으며 우리의 대화에 끼어들었다.

“이이가 선생님 자랑을 그동안 얼마나 많이 했던지 제 귀에 딱지가 다 앉을 정도입니다. 정말로 멋지세요, 선생님. 오늘 드디어 만나 뵙게 되어서 영광이고요.”

뭐라 반응해야 할지 몰라 난 그저 두 눈만 깜박였다.

“만나 뵌 건 오늘이 처음이지만 안 그래도 늘 감사한 마음이었어요. 남편이 도박 같은 거에는 일절 손도 대지 않는 건 다 선생님 덕분이니까요.”

이건 또 무슨 말이지? 나는 페르마를 보았다.

“아, 아내가 좀 건너뛰어서 얘길 했는데, 선생님께서 제게 수학을 알려주셨고 그 덕분에 도박이 얼마나 무모한 짓인지… 제, 제가 좀 계산을 할 수가 있으니까. 방금은 이제 그런 걸 아내가 얘기한 겁니다. 아하하.”

“제가 그 시절에 피에르 님에게 확률도 알려드렸었나요?”

“네, 네? 확…률이요?”

이번에는 페르마가 영문을 모르겠다는 표정이다.

“지금 방금 도박의 확률을 계산하셨다면서요?”

“확률…이란 게 뭔지는 모르고요. 아하하. 그냥 이러면 어떻게 될까 저러면 또 어떻게 될까…를 제 나름 수학적으로 계산해 봤다는 건데요. 어설프겠지만….”

역시 그렇구나. 그 당시에는 나도 확률을 몰랐으니까.

잠깐. 그러고 보니 내 바로 전까지의 삶에서도 확률 이론을 정립해 놓은 수학 서적을 보진 못했었는데? 어쩌면 확률이란 용어 자체가 이 시대에는 어울리지 않는 단어였을 수도. 이런. 또다시 '그녀'의 심기에 거슬리는 행동을 저질러 버린 건 아닐까.

"피에르 님. 방금은 제가 경우의 수를 얘기한다는 걸 잘못 말했었네요. 아마도 그 당시의 저는 피에르 님에게 순열이나 조합 같은 경우의 수 개념을 알려드렸었나 보고요."

"네! 맞습니다. 물론 그때 직접적인… 사례들로 가르쳐 주셨던 건 아니지만… 그때 배운 내용으로 어찌어찌 연구하다 보니 깨닫게 된… 것들이라."

"자기. 그러지 말고 지금 말 나온 김에 선생님께 당신의 공부방을 한번 구경시켜 드리지 그래요?"

"으, 응?"

우리 대화에 끼어든 루이즈는 페르마와 눈을 맞추며 웃음기 가득한 표정을 짓더니 그의 옆구리를 팔꿈치로 쿡 찔렀다. 그리고선 날 보며 다시 말을 이었다.

"아니 글쎄, 며칠 전부터 이이가 선생님을 뵈면 자랑하겠다고 평소 공부하던 방을 손수 단장하던 거 있죠. 새 책도 몇 보따리를 사다 놓고 직접 진열까지 하고요. 호호."

"내, 내가 무슨 자랑을 하려 했다고! 왜… 그런 거짓말을 해요? 그냥 보여드린다고만 했잖아요."

"아무튼 준비 많이 하셨잖아요. 이렇게 시간을 끌 게 아니라 지금 가서 보여드리자고요."

"아니 지금은… 밤도 많이 늦었으니까…"

페르마는 머뭇거리며 내 눈치를 살폈다. 난 어색하지 않게 미소를 지었다.

“저기, 샤를롯 선생님. 아내 말대로 지금 괜찮으시다면 여기 제 집… 구경이라도 한번 하시렵니까? 아니면 한숨 주무시고 내일 하셔도 되긴 한데…”

“그래요. 지금 보여주세요.”

나의 대답에 페르마는 기쁜 표정을 감추지 못했다. 여전히 내 머릿속은 어느 하나 개운치 않고 혼란스러울 따름이지만, 무언가를 기대하며 눈을 반짝이는 두 부부를 따라 나도 자리에서 일어났다.

IV.

“여기가… 제 공부방입니다. 들어오시죠, 선생님.”

페르마와 루이즈의 안내를 받아 서재에 들어서자마자 단번에 내 눈을 사로잡는 커다란 태피스트리[3]가 있었다. 가운데에 커다랗게 테트락티스가 수놓아진 태피스트리였다.

“저건 테트락티스?”

“네. 맞습니다. 선생님께서 제, 제게 피타고라스학파에 대해 알려주

3 색실을 짜 넣어 그림, 무늬 등을 표현한 직물 공예. 주로 벽을 장식하고 냉기를 막는 등의 용도로 쓰였다.

실 때 가르쳐 주셨죠!"

반가운 마음에 나는 그 태피스트리 앞으로 가 문양을 쓰다듬었다. 그러고 보니 이 삶에 덧씌워진 순간 내 손에도 테트락티스 목걸이가 들려 있었는데 늑대 무리에게서 정신없이 도망치다 땅에 흘리고 말았다. 설마 샤를롯인 나에게 중요한 물건이었던 걸까.

태피스트리를 자세히 들여다보니, 테트락티스 주변으로 빼곡하게 그려진 무늬들 역시 하나하나가 전부 수학 공식들이란 걸 알 수 있었다.

"이런 장식은 살면서 처음 보네요. 직접 주문 제작하신 건가 보죠?"

"아하하. 네. 역시… 선생님께선 바로 알아봐 주시네요! 제가 직, 직접 도안을 그린 건데, 수정 작업을 몇 번이나 하느라 제작 기간이 아주… 그런데 선생님, 그건 겨우 시작입니다. 이, 이리 오셔서 그동안 제가 수집한 책들도 한번 보시죠."

오랜만에 본 테트락티스에 '그'의 모습이 겹친다. 아마도 그는 지금쯤 내가 다음에 갈 삶의 장소에서 날 기다리고 있겠지. 지금은 나의 것이 아닌 그의 시간 속에서 말이다.

고개를 돌리니 페르마는 쭈뼛거리며 벽에 쭉 늘어선 서가의 시작점인 듯한 부근을 가리키고 있었다.

그가 소장한 장서의 규모에는 솔직히 별 감흥이 없다. 지난 삶에서 도둑으로 몰래 잠입했었던 피보나치의 집안 서재에 비하면 오히려 초라한 규모니까. 다만 그쪽은 그저 단순히 많은 수학 서적을 모았다는 데에 의의를 둔 모습이었다면, 이쪽은 한 권 한 권 모두 페르마가 최소한 서너 번 이상 공부한 흔적이 묻어 있다는 점에서 또 다른 무게감이 느껴지긴 한다.

"이 많은 책을 모두 다 공부하신 건가요? 그동안?"

"네, 네. 한 번씩은 대충이라도 다 봤고요. 자세히 본 책은… 많진 않지만, 선생님께서도 그때 제게 말씀해 주셨죠. 일단은 나무보다… 숲, 숲을 보라고요."

"… 제가 그런 얘기도 했었군요."

내가 새 책을 읽을 때마다 하는 행동이다. 본문을 읽기 전에 책의 목차와 소제목들부터 보며 우선은 그 책 내용에 대한 숲을 그리는 것.

"네. 확실히 책을 읽을 때 선생님께서 알려주신 대로 큰… 흐름부터 잡는 게 저한테도 잘 맞고요. 요즘엔 게다가… 살롱에서 새로 나오는 책도 워낙 많아서요."

"살롱이요?"

"네. 마랭 메르센 신부님이 모으신… 어? 서, 설마 샤를롯 선생님, 그것도 모르고 계셨던 건가요?"

"마랭 신부님이 모으신 살롱이라고요?"

"네. 세계 각지 수학자들로요. 전문 수학자들도 많고 저… 같은 취미 수학자들도 있고요. 전 당연히 샤를롯 선생님께서도 계신 줄 알았는데요…."

나는 아무 대답도 할 수 없었다. 마랭 신부님이 그런 단체를 결성했다면 분명 나에게 얘기하지 않았을 리 없다. 하지만 전혀 기억나지 않는 사실을 애써 아는 척할 수도 없는 노릇이다.

"이런… 선생님. 정말로 어떤 큰 사고라도 당하셨었던 게 아닐까요? 아무리 봐도 문제가 좀… 심각하신 거 같은데요."

"아참, 그러고 보니!"

페르마는 나의 갑작스러운 외침에 깜짝 놀랐다.

"의원님께서는 어떻게 제가 늑대 무리에 쫓기고 있던 위치를 아셨던 거죠?! 마치 제가 거기에 나타날 거란 사실을 미리 알고 계셨던 것처럼?"

그는 커다랗게 뜬 눈을 몇 번 껌벅이다 답했다.

"어… 어떻게 알았느냐뇨? 예전에 선생님께서 떠나실 때 제게 말씀해 주셨잖습니까? 오늘 날짜랑… 시간 그리고 장소, 모, 모두 잊지 말라고 그리 신신당부를 해두시고선."

뭐라고?! 이건 또 무슨 말이지? 내가 오늘의 만남을 일러주었다니?

심지어 페르마는 과거의 내가 오늘 만날 장소로 올 때, 반드시 늑대 무리의 습격에 대비하여 사람들을 무장시키라는 당부까지 했었다고 전했다.

그야말로 거대한 수학 난제를 맞닥뜨린 듯한 기분이다.

V.

언제나 다른 삶으로 덧씌워질 때면 마치 원래 살고 있던 것처럼 자연스러웠다. 오히려 그 전까지의 삶이 꿈처럼 느껴지곤 했지, 지금처럼 현재의 삶이 꿈인 듯 이질적으로 느껴진 적은 없었다.

게다가 내가 존재하지 않았던 것만 같은 지난 몇 년간의 까마득한 기억의 공백은 나에게 혼란을 넘어 공포감으로까지 다가온다. 페르마의 증언이 아니었다면 아마 인지조차도 못 했을 만큼 깨끗이 사라진 기억, 하지만 그 기간의 나에 대한 페르마의 증언은 의심할 수 없을 만큼 구체적이며 또한 사실적이었다.

마랭 신부님께 내 소식을 편지로 전하겠다고 하는 페르마를 나는 일단 말렸다. 분명히 내게 닥친 이 괴현상은 현실 세계의 문제가 아닌, '그녀'의 장난일 것임이 분명하기 때문이다. 일을 크게 만든다고 해서 해결될 성격의 일도 아닌 데다 수습만 더욱더 힘들어질 뿐이다.

그보다는 우선 수학이다. 언제나 내 과거와 현재, 미래의 기억을 이어주는 건 수학이었으니. 일기가 내 기억을 유지해 줄 수 있었던 이유도, 이따금 두통과 함께 잊고 있던 기억이 되살아날 수 있었던 이유도 사실은 수학이 그 열쇠였다. 물론 지금처럼 어느 특정 기간의 기억이 송두리째 사라졌었던 적은 없지만, 충분히 시도해 볼 직하다. 아직 그녀는 이런 사실을 모르고 있는 듯하니까.

천만다행으로 페르마의 집에는 자료도 풍부하다. 게다가 고맙게도 페르마와 그의 아내는 내가 부탁을 하기도 전에 이 집에서 머물기를 청해 왔다. 아마도 사전에 이 부부는 나를 손님으로 맞이할 만반의 준비를 해두었던 모양이었다.

취미 수학자

I.

마랭 신부님이 각지의 수학자들을 모아 결성하였다는 살롱에서는 월간지의 형태로 수학 회지가 발행된다고 한다. 그중 몇을 들춰보니 흡사 서연일 적 보았던 학급 문집 또는 소논문집 같았다. 페르마의 말에 의하면 살롱에 속한 수학자들이 저마다 자발적으로 자신들이 연구한 수학 이론을 마랭 신부님에게 기고한 거라 한다. 신부님은 그렇게 시기별로 모이는 편지를 취합하여 책으로 엮고, 다시 살롱 전체 회원에게 배포해 주는 방식이라고.

"그럼 피에르 의원님의 연구 내용이 실린 회지도 여기 있나요?"

"네? 아, 아니요. 그럴…리가요."

"?"

가볍게 물어본 질문에 화들짝 놀라는 페르마다. 내가 의아한 눈빛으로 그를 쳐다보자 그는 쑥스러운 듯 옆머리를 만졌다.

"저에게 수학은 어디까지나 취미…니까요. 이런 투고는 그야말로 전문가분들이나 하는 건데… 하하. 저, 저 같은 사람이 글을 기고했다간 욕이나 먹겠죠."

"그렇다기에는."

난 한걸음 뒤로 물러나 서가를 쭉 훑어보았다.

"취미가 좀 과한 거 아닌가요?"

페르마가 웃었다.

"그게. 취미라고 해서… 어설퍼도 된다는 건 아니고, 오히려 취미니까 더… 여유롭고 진득하니 또 깊을 수가 있는 거라고…"

페르마는 잠시 머뭇거리다 말을 이었다.

"다름 아니라 선생님께서 저에게… 말씀해 주셨습니다."

"… 제가 그런 얘기도 했었군요."

그때 문득 나의 시선이 머물던 곳에 익숙한 이름이 적힌 편지가 보였다.

'블레즈 파스칼'.

파스칼이라면, 설마 내가 알고 있는 그 수학자 파스칼?!

"의원님. 저건 혹시 수학자 블레즈 파스칼 씨의 편지인가요?"

어두운 표정으로 땅을 보고 있던 페르마는 내가 손가락으로 가리키는 곳을 보았다.

"아아, 네. 맞습니다. 혹시… 선생님께서도 아시는 사이인가요?"

"아뇨. 그는 저를 전혀 모릅니다. 그저 제가 조금 아는 정도고요."

말을 하고 나서 순간 아차 싶었다. 어쩌면 내 기억이 사라진 기간에 나와 파스칼이 알고 지냈을지도 모를 일이기 때문이다. 파스칼도 프랑스 사람인 데다 마랭 신부님의 살롱 회원이기도 하다면.

앞으로 이런 식의 대화는 더욱 조심해야겠어.

"그, 그렇군요… 저도 실제로 만나본 적은 없는데요. 두… 달? 석 달? 전쯤부턴가. 도박에 대한 문제로 편지를 주고받고 있는데… 이번에는 제가 답을 해야 할 차례이지만 안… 아니, 못하고 있습니다."

"왜요?"

"뭐라고 해야 하나, 좀, 곤란한 상황이라고 해야 할까요? 아무튼 그래서 지금 당장은 답을 미뤄두고 있는데… 아!"

페르마의 눈이 순간 번뜩 뜨였다.

"샤를롯 선생님께서 한번 봐주시면 안 될까요? 저… 편지 내용을 말이죠."

"네? 제가요?"

"예에. 어쩌면 파스칼 님의 의견이 맞을 수도 있는 건데. 혹시 또… 모르는 거니까 선생님께서 한번 봐주시고…"

페르마는 파스칼의 이름이 적힌 편지 봉투들을 주섬주섬 모으더니 내게 내밀며 말을 이었다.

"제게 조언을 좀 해주실 수 있으신지요? 아… 이거 정말 마침 잘 되었습니다. 하하. 선생님께서 계시니까."

나는 영문도 모른 채 일단은 그가 내민 봉투들을 받았다.

II.

파스칼이 페르마에게 보내온 첫 번째 편지는 슈발리에 드 메레라는 살롱 회원이 제기한 문제로부터 시작한다. 편지에서 파스칼이 옮긴 메레의 문제는 다음과 같다.

'하나의 주사위를 n번 던져서 6이 나오면 이기는 도박'에서는 만약 $n=4$라면 던지는 편이 유리하다.

그렇다면 두 개의 주사위를 던져서 두 주사위 모두 6이 나오면 이기는 도박에서는 주사위를 몇 번 던져야 이길 승산이 있을까?

하나의 주사위를 무작위로 던져서 6이 나올 확률은 $\frac{1}{6}$이다.[1] 따라서 $n>3$일 때, 즉 4번 던졌을 때 적어도 한 번 6이 나올 확률은 $\frac{1}{2}$(=50%)을 넘을 것이다. 물론 던지는 횟수가 많으면 많을수록 6이 나올 확률은 더욱 올라간다.

문제의 본론은 이제 한 개가 아니라, 두 개의 주사위를 던지는 경우에 대해서다. 우선, 두 개의 주사위를 무작위로 던져서 둘 다 모두 6이

---

1 주사위의 눈금은 1부터 6까지(1, 2, 3, 4, 5, 6)임을 가정한다. 이 경우 전체 경우의 수는 6이고 원하는 경우의 수(6이 나오는 경우)는 1이므로, $\frac{\text{원하는 경우의 수}}{\text{전체 경우의 수}} = \frac{1}{6}$이다.

나올 확률은 $\frac{1}{36}$이다[2]. 따라서 쉽게 생각해 보면 $n>18$일 때, 즉 19번 던졌을 때 적어도 한 번은 두 주사위 모두 6이 나올 확률이 $\frac{1}{2}$을 넘길 것이라 생각된다.

하지만 편지에서 슈발리에 드 메레는 이길 승산이 있는 횟수가 19번이 아니라 최소 24번이라고 주장을 했다고 한다. 파스칼이 옮겨적은 메레의 주장 전문은 다음과 같다.

나는 실제로 이 도박을 많은 사람과 해보았고, 매번 19보다 더 높은 횟수인 20번을 기준으로 승부를 걸었다. 두 주사위를 던져서 20번 안에만 둘 다 6이 나오면 내가 승리하는 쪽으로 말이다.

하지만 승률은 처참했다. 대개, 내가 졌다. 하지만 한동안은 아무리 생각해 보아도 도저히 그 이유를 알 수 없었다.

그러다 어느 날 문득 책상 정리를 하는 와중에 깨달음을 얻었다. 주사위 하나를 던지면 나오는 경우의 수는 6이고 두 개를 던지면 나오는 경우의 수는 36이다. 즉, 경우의 수가 6배 늘어난다는 사실이다!

---

2 두 주사위를 각각 A, B라 하자. 각 주사위로부터 발생하는 경우의 수는 6이고, 곱의 법칙에 따라 두 주사위로부터 발생하는 경우의 수는 $6\times6=36$이다. 따라서 둘 다 6이 나올 확률은 $\frac{1}{36}$이다. 이를 다음 표로 확인할 수 있다.

A \ B	1	2	3	4	5	6
1	(1, 1)	(1, 2)	(1, 3)	(1, 4)	(1, 5)	(1, 6)
2	(2, 1)	(2, 2)	(2, 3)	(2, 4)	(2, 5)	(2, 6)
3	(3, 1)	(3, 2)	(3, 3)	(3, 4)	(3, 5)	(3, 6)
4	(4, 1)	(4, 2)	(4, 3)	(4, 4)	(4, 5)	(4, 6)
5	(5, 1)	(5, 2)	(5, 3)	(5, 4)	(5, 5)	(5, 6)
6	(6, 1)	(6, 2)	(6, 3)	(6, 4)	(6, 5)	(6, 6)

한 개의 주사위를 던지는 도박에서는 4번 이상 던지면 이길 가능성이 높다. 그렇다면 위의 논리를 적용해서 두 개의 주사위를 던지는 도박에서는 그 횟수의 6배인 24번 이상 던져야만 이길 가능성이 높은 게 아닐까.

이러한 깨달음을 얻은 이후로 난 도박에서 매번 24번의 횟수에 배팅을 했다. 그 결과, 전과는 다르게 근소하게나마 내가 이기는 횟수가 늘어났다. 다만 압도적으로 이기지는 못했다. 그야말로 비등비등한 수준. 비로소 도박다운 도박이 시작된 것이다.

아마도 슈발리에 드 메레라는 이 사람은 전문 수학자는 아닌 모양이다. 경우의 수를 6배 한다는 논리의 근거도 사실은 빈약하고, 자기 경험을 바탕으로 이론의 당위성을 검증하는 행위에서도 어설픔이 묻어난다.

하지만 의외로 이 논리에 대해 참 거짓을 검증하는 건 그리 쉽지 않을 듯하다. 그리고 역시나 편지의 끝에서는 파스칼이 페르마에게 메레의 논리를 검증해달라는 요청이 적혀 있었다.

파스칼의 흥미로운 주장과 함께.

저는 메레 씨의 주장인 24번보다도 더 많은 횟수여야 한다고 나름대로 판단하고 있습니다. 페르마 씨께서 적절한 답을 내려주신다면 메레 씨의 논리뿐 아니라 저의 논리를 점검하는 데에도 큰 도움이 될 겁니다.
– 블레즈 파스칼

파스칼의 편지에 대한 페르마의 답장은 매우 길었다. 물론 파스칼에게는 이 긴 내용을 축약해서 보냈을 테지만, 나에게 건네준 종이 뭉치에는 그가 여러 시행착오와 풀이 오류 및 계산 실수를 수정한 많은 흔적이 그대로 드러나 있었다.

빠르게 훑어보면 내용은 크게

Ⅰ. 주사위 하나의 경우에 대한 정리

Ⅱ. 주사위 둘의 경우에 대한 적용

의 두 파트로 구성된 듯하다. 나는 의자 등받이에 기대고 앉아 페르마의 습작을 첫 장부터 차분히 읽어보기로 했다.

블레즈 파스칼 님께서 더 잘 알고 계시겠지만, 이 도박에서 승리하는 경우의 수를 곧바로 구하는 건 몹시 까다롭습니다. 첫 번째 던졌을 때 이길 수도, 두 번째 던졌을 때 이길 수도, 세 번째 던졌을 때 이길 수도 있기 때문입니다.

그래서 저는 승리하는 경우를 구하는 게 아니라, 그 반대로 패배하는 경우를 구한 후에 전체 경우에서 이를 제거하는 방식으로 접근하고자 합니다.

(승리하는 경우의 수)

= (첫 번째에 승리하는 경우의 수) + (두 번째에 승리하는 경우의 수)

+ (세 번째에 승리하는 경우의 수) + (네 번째에 승리하는 경우의

수) + ⋯

= (모든 경우의 수) - (패배하는 경우의 수)

주사위를 한 개만 던지는 경우를 생각해 봅시다. 메레 님이 $n=4$라면 던지는 편이 유리하다고 하였는데, 우선 이는 타당합니다.

주사위 한 개를 한 번 던져서 나올 수 있는 모든 경우는 6가지입니다. 두 번 던져서 나올 수 있는 모든 경우는 $6\times6=36$가지입니다.

두 번째 / 첫 번째	1	2	3	4	5	6
1	(1, 1)	(1, 2)	(1, 3)	(1, 4)	(1, 5)	(1, 6)
2	(2, 1)	(2, 2)	(2, 3)	(2, 4)	(2, 5)	(2, 6)
3	(3, 1)	(3, 2)	(3, 3)	(3, 4)	(3, 5)	(3, 6)
4	(4, 1)	(4, 2)	(4, 3)	(4, 4)	(4, 5)	(4, 6)
5	(5, 1)	(5, 2)	(5, 3)	(5, 4)	(5, 5)	(5, 6)
6	(6, 1)	(6, 2)	(6, 3)	(6, 4)	(6, 5)	(6, 6)

마찬가지로 세 번 던져서 나올 수 있는 모든 경우의 수는 $6\times6\times6=216$가지, 네 번 던져서 나올 수 있는 모든 경우의 수는 또 한 번 6을 곱한 1,296가지입니다.

그럼, 이제 네 번 던진 결과로 패배하는 경우, 즉 네 번 모두 주사위 눈이 6이 나오지 않는 경우의 수를 구해 봅시다. 6이 나오지 않는다는 것은 1, 2, 3, 4, 5 중에서 하나가 나온다는 것이고 이 경우의 수는 5입니다. 따라서 네 번 연속하여 1부터 5중에 하나가 나오는 경우의 수는 5를 네 번 곱한 $625(=5\times5\times5\times5)$입니다.

그러므로 네 번 던진 결과로 승리하는 경우의 수는 다음과 같습니다.

(승리하는 경우의 수)

= (모든 경우의 수) - (패배하는 경우의 수)

= 1296 - 625

= 671

이는 패배하는 경우의 수인 625보다 46만큼 큰 수이므로 승리할 가능성이 더 높다는 사실을 의미합니다.

주사위 한 개를 세 번까지 던지는 경우에 대해서도 마찬가지로 구해보면 아래와 같습니다.

(모든 경우의 수) = 6×6×6 = 216

(패배하는 경우의 수) = 5×5×5 = 125

(승리하는 경우의 수) = 216 - 125 = 91

즉, 세 번만 던지는 경우에는 패배하는 경우의 수가 125이고 승리하는 경우의 수가 91이므로, 패배할 가능성이 더 높음을 확인할 수 있습니다.

마치 한국 고등학생들의 답안지처럼 아주 적절하게 여사건의 경우의 수[3]를 활용한 풀이가 돋보인다. 어쩌면 기억나지 않는 과거의 내가 페르마에게 경우의 수를 가르치면서 이러한 기술들도 함께 알려주었던 건 아닐까? 충분히 합리적인 의심이 든다.

그럼 이제 주사위 두 개를 던지는 경우를 생각해 보겠습니다. 논리는 주사위 하나 때와 동일합니다.

주사위 두 개를 동시에 던져 나오는 모든 경우의 수는 36이고 이때 패배하는 경우의 수는 35이므로, 주사위 두 개를 n번 던진 결과는 다음과 같습니다.

$$(\text{모든 경우의 수}) = \overbrace{36 \times 36 \times \cdots \times 36}^{n\text{개}} = 36^n$$

$$(\text{패배하는 경우의 수}) = 35 \times 35 \times \cdots \times 35 = 35^n$$

$$(\text{승리하는 경우의 수}) = 36^n - 35^n$$

따라서 우리가 구해야 할 대상은 승리하는 경우의 수인 $36^n - 35^n$이 패배하는 경우의 수인 35^n보다 크게 되는 최소한의 n임을 알 수 있습니다.

[문제의 핵심] $36^n - 35^n > 35^n$ 가 성립하는 최소한의 n은?

---

3 148쪽 참고.

여기서 문제는 36^n과 35^n 같은 거대한 수의 계산을 어떻게 해야 하느냐는 건데, 이에 대해서는 파스칼 님께서 저보다 더 잘 아실 테지만, 스코틀랜드의 존 네이피어가 고안한 로그[4] 개념을 이용하면 탁월한 해결이 가능합니다. 다만 저는 편의상 그 기원이라 할 수 있는 마이클 스티펠의 방식[5]을 본떠 다음과 같이 표에서 A를 B의 로그라 하겠습니다. 즉, $\log 100 = 2$이고, $\log 1000 = 3$과 같습니다.

A	0	1	2	3	…
B	1	10	100	1000	…

이제부터는 단순 계산입니다.

$$36^n - 35^n > 35^n$$
$$\Rightarrow\ 36^n > 2 \times 35^n$$
$$\Rightarrow\ \log 36^n > \log(2 \times 35^n)$$
$$\Rightarrow\ \log(2 \times 3)^{2n} > \log\{2 \times (5 \times 7)^n\}$$
$$\Rightarrow\ 2n \times (\log 2 + \log 3) > \log 2 + n \times (\log 5 + \log 7)$$

익히 잘 알려진 대로 $\log 2 \fallingdotseq 0.3010$, $\log 3 \fallingdotseq 0.4771$, $\log 5 \fallingdotseq 0.6990$,

4 148쪽 참고.

5 마이클 스티펠(1487~1567)은 신성로마제국의 수학자이다.

$\log 7 \fallingdotseq 0.8451$을 각각 대입하면,

$$\Rightarrow\ 2n \times 0.7781 > 0.3010 + 1.5441n$$

$$\Rightarrow\ 1.5562n - 1.5441n > 0.3010$$

$$\Rightarrow\ 0.0121n > 0.3010$$

$$\Rightarrow\ \boldsymbol{n} > \frac{0.3010}{0.0121} \fallingdotseq \mathbf{24.8760}$$

그러므로 파스칼 님의 말씀대로 n은 24보다 커야 마땅합니다. 최소한 주사위를 25번 던져야만 승리할 가능성이 패배할 가능성보다 높습니다. - 피에르 드 페르마

내가 보기에 페르마의 답은 흠잡을 데가 없다. 아직 확률 개념이 정착되지 않은 이 시대에 경우의 수로 이 문제에 접근한 것도 훌륭하고, 아마 네이피어에 의해 고안된 지 얼마 되지 않았을 개념인 '로그'를 제대로 이해하고 이를 응용해 계산을 간략화한 것도 멋지다. 게다가 그가 쓴 로그는 10을 밑으로 하는 상용로그였는데, 내가 알고 있기로 네이피어가 고안한 로그의 개념은 10이 아니라 e를 밑으로 하지 않았던가!?[6]

---

6 298쪽 참고.

Ⅲ.

"아아! 그… 그러고 보니까 샤를롯 선생님께서는 예전부터도 식사를 조금씩만 하셨었죠? 배부른 느낌을 싫어하신다고…"

페르마의 말에 그의 아내는 헉하는 소리를 내더니, 그럼 어떡하느냐며 몹시 부산을 떨었다. 그 둘의 모습을 보고 있자니 어쩐지 나도 모르게 미소가 지어졌다. 그저 난 얼른 식사를 마치고 파스칼과 페르마의 편지를 마저 보고 싶을 뿐인데.

"그래도 저희 주방장이 나름 제노바[7]에서 꽤… 유명한 요리사였거든요, 선생님. 그러니까 조금씩이라도 골고루 드셔보시고…"

"네. 안 그래도 덕분에 맛있게 잘 먹고 있습니다."

난 일부러 식탁 위에 놓인 많은 접시와 오색찬란한 요리들을 찬찬히 살펴보는 시늉을 했다.

그때부터 페르마는 자신의 주방장에 대한 칭찬부터 근래 귀족들 사이에서 퍼지고 있는 요리 문화까지 온갖 이야기를 풀어놓았다. 그의 말에 의하면 과할 정도로 연출한 성대한 식사를 집에 초대한 사람들과 나누고 또 초대된 사람들은 자신들이 먹은 그 음식에 대해서 평가하는 게 근래 귀족들 사이에서 새로운 문화로 퍼지고 있다고 한다. 오죽하면 요리사들은 손님이 배가 부르지 않으면서 오직 혀와 눈만을 즐겁게 할 수

7 이탈리아의 북부에 있는 지중해의 항구 도시.

있도록 이색적인 요리들을 개발해서 공유하기도 한다고.

한참 동안 그런 페르마의 이야기들을 듣고 있자니. 문득 내 고향의 음식인 한식이 그리워진다. 쌀밥과 김치찌개 같은 것도 그렇고 특히 떡볶이와 치킨, 라면 같은 것들이 떠오른다. 이따금 편의점에서 즐겨 먹었었던 불닭볶음면도.

이제는 그 맛이 어땠는지조차도 잘 기억나지 않지만, 언젠가 그때로 돌아가 다시 그 음식들을 맛볼 날도 오긴 있을까? 아무래도… 힘들려나…

"무슨… 생각을 그리 골똘히 하고 계시는지… 혹시 제가 선생님께 불편할 이야기라도 했을…까요?"

고개를 들어보니 두 부부가 날 또다시 걱정스러운 표정으로 쳐다보고 있었다

"아, 아닙니다. 의원님."

나는 짧게 한숨을 삼키고선 어색해진 분위기도 전환할 겸, 아까 읽은 편지 이야기를 꺼냈다.

"실은 의원님과 블레즈 파스칼 씨의 편지 내용을 생각 중이었거든요."

"아, 아아! 그러셨구나!"

페르마의 표정이 다시금 환해진다.

"어디까지 읽으셨나요? 시간이 얼마 없었지만, 선생님의 속도라면 아마…"

"첫 번째 주사위 문제의 해법까지는 다 보았습니다. 의원님의 답이

아주 뛰어나던데요?"

"아하, 아하하. 그, 그랬나요?!"

그는 내 칭찬에 몸을 꼬며 웃음을 감추지 못했고, 루이즈가 그런 그의 옆구리를 팔꿈치로 쿡 찔렀다.

"네. 특히 로그를 이용한 풀이가 몹시 인상적이었습니다. 제가 알기로 존 네이피어는 그런 방식으로 로그를 사용하지 않았으니까요."

나의 말을 들은 페르마는 씩 웃는 표정 그대로 한동안 아무 말 없이 굳어있더니 이내 양어깨를 과하게 으쓱거리며 답했다.

"역시… 샤를롯 선생님이시네요. 그리고 역시… 전문 수학자란 그렇군요."

"네?"

난 그의 말의 의미를 곧바로 알아채지 못해 고개를 갸웃했다. 나와 눈이 마주친 페르마는 민망한 듯이 웃으며 양손을 저었다.

"나쁜 말이 아니라… 언제나 선생님께선 제 예상 위에 계신다는 의미였습니다. 저 같은 사람은 당해낼 수 없게요."

그가 나를 전문 수학자라고 말하는 게 참 민망하지만 일단 넘어가기로 했다. 그때, 그의 아내 루이즈가 우리 대화 사이로 끼어들었다.

"로그가 뭐예요?"

"아… 로그는 말이죠, 여보."

페르마는 답을 하다가 말고 나의 눈치를 살폈다. 나는 오른손을 들어 더 설명을 이어가라는 손짓을 해보였다. 하지만 그는 자기 뒤통수를 긁적이며 멋쩍게 웃기만 할 뿐이었다.

그러다 그가 다시 입을 열었다.

"다른 사람들과 다르게 제… 아내도 수학에 대한 호기심이 남다릅니다, 선생님. 물론, 이건 저에게는 정말로 감사한 일인 건데… 문제라면 아내가 스스로 공부하려고는 하지 않고 꼭… 제가 설명하는 것만."

어쩐지 흉보는 듯한 말을 꺼내자 루이즈는 탁 소리가 나도록 페르마의 허벅지를 때렸고, 페르마는 으악! 하는 비명을 질렀다. 내 입가엔 또다시 미소가 번졌다.

"수학 얘기에 열린 자세를 가지신 것만으로도 제가 보기엔 참 대단하신걸요. 어쩌면 의원님과 취미 생활을 함께하기 위해 루이즈 님이 노력하시는 걸지도요."

"호호. 꼭 그런 것만은 아니고요, 선생님."

루이즈는 이번엔 페르마의 등을 쓰다듬으면서 그에게 따듯한 눈빛을 건넸다.

"물론 처음에는 이 사람이 그토록 좋아하는 게 대체 뭔지 궁금해서 알려달라고 했던 거지만, 듣다 보니까 또 그 나름 저한테도 재밌게 느껴지더라고요. 사실 이이가 일할 때 가끔 저 혼자서 이 사람 읽고 있던 수학책을 훔쳐보기도 하고 그러거든요."

이번엔 페르마의 눈이 휘둥그레 커진다. 아마 그동안 그도 모르고 있던 사실인가 보다. 문득 내 앞의 둘이 정말 잘 어울리는 한 쌍이란 생각이 든다. 부러울 정도로.

"그러면 이번에도 의원님께서 아내분을 위해 설명을 해주셔야겠네요. 저도 마침 의원님께서 로그를 어떻게 이해하고 계시는지 궁금했으니 옆에서 같이 들으면 좋겠고요."

페르마는 기겁하며 허공에 두 손을 휘휘 저었다. 루이즈는 그런 그의 팔을 붙잡아 흔들며 평소에 하던 대로 떨지 말고 한번 해보라며 권유했다.

IV.

"로그… 정식 명칭인 로가리즘은 비를 의미하는 그리스어와 수를 의미하는 그리스어의 합성어[8]인데요. 직역하면 '비를 센 수'겠죠? 왜… 존 네이피어가 이걸 이렇게 불렀는지부터 말씀을… 드리자면."

페르마는 대자보에 편지에서 보았던 것과 같은 형태의 표를 그렸다.

A	0	1	2	3	4	5	6	7	…
B	1	2	4	8	16	32	64	128	…

"보시는 이게… 원래입니다. 백 년쯤 전에 수학자 마이클 스티펠이 썼던 『완전한 산술』에 나오는 내용인데요. 보시다시피 A는 1씩 커지는 수열이고, B는 2배씩 일정한 비로 커지는 수열이지요. 중요한 건… 마

8 로가리즘(logarithm), 비(logos), 수(arithmos)

이클 스티펠이 A 수열과 B 수열을 서로 대응하려고 시도했다는 겁니다. 어… 그러니까 예를 들자면."

$$\begin{array}{ccccc} 2 & + & 3 & = & 5 \\ \uparrow & & \uparrow & & \downarrow \\ 4 & \times & 8 & = & 32 \end{array}$$

"이렇게 B에서 4와 8의 곱셈을 A에서 각각 대응되는 2와 3의 덧셈으로 보는 거죠. 그러면 5니까… 이거에 대응되는 B는 32죠."

나는 속으로 감탄을 했다. 마이클 스티펠이란 수학자는 몰랐는데 100년 전이라면 당연히 거듭제곱의 표기법조차 없었을 테니 이처럼 등차, 등비수열에 대응시키는 방법을 고안한 걸 테다. 페르마의 설명을 들으면 이 자체만으로도 사실상 로그에 대한 아이디어가 다 나왔다고 보인다.

"물론 스티펠과 달리 수학자 존 네이피어는 이 내용이 아니라… 연속적으로 변화하는 두 선분의 길이에 대응하는 방식으로 설명했는데, 당연히 여, 여기 계신 샤를롯 선생님께서는 저보다 훨씬 더 잘 아시는 내용일 테지만…"

"설명해 주세요."

내 말에 페르마는 오히려 더 신난다는 표정을 지으며 대자보에 그림을 그려나갔다.

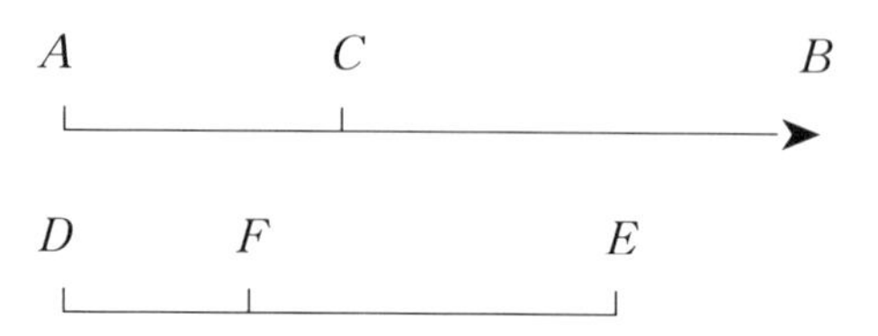

"여기 보시는 AB는 반직선이고 DE는 선분인데요. 여기서… 점 C와 F가 각각 점 A와 D에서 동시에 출발해서 B랑 E로 움직이는 겁니다. 그런데 이때 C는 말이죠. 균일한 속력으로… 움직이는 게 핵심입니다. 그리고 여기 F는… 선분 FE의 길이랑 같은 크기의 속력으로 움직인다는 게 핵심이고요. 음… 그러니까 E에 가까이 가면 갈수록 점점 더 속력은 줄어들죠."

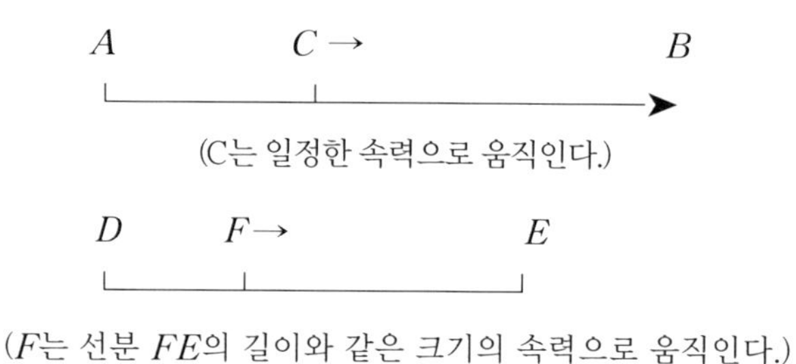

(F는 선분 FE의 길이와 같은 크기의 속력으로 움직인다.)

"존 네이피어는 선분 AC의 길이를 선분 FE 길이의 로그라고 정의했습니다. 그러니까 아까 마이클 스티펠의 방식에서 A 수열이… 여기에서는 선분 AC 길이라고 볼 수 있는 거죠. B 수열은… 선분 FE 길이인 거고. 아아! 또 수식으로는 이렇게 표현했습니다."

$$AC = Nap\log FE$$

“여기서 log 앞에 Nap은 자신의 성 앞 글자를 붙인 건데, 저는 편의상 이건 떼도 괜찮지 않나… 하하. 아까 봤던 마이클 스티펠의 표에서는 이, 이렇게 쓸 수가 있는 겁니다.”

$$A = \log B$$

“여기서 질문이 있는데요, 남편 씨.”

“네에. 말씀하시죠, 루이즈 님.”

“아까 그 표에서는 A도 B도 모두 수가 커졌었는데, 저 선분 길이 FE는 점점 줄어들잖아요? 그래도 되는 건가요?”

“아… 그럼요.”

페르마는 곧장 또 하나의 표를 그렸다.

A	0	1	2	3	4	5	…
B	1	$\frac{1}{3}$	$\frac{1}{9}$	$\frac{1}{27}$	$\frac{1}{81}$	$\frac{1}{243}$	…

“여기서 수열 B는 $\frac{1}{3}$이 계속해서 곱해지는 거예요. 그러니까 이번엔 $2=\log\frac{1}{9}$, $3=\log\frac{1}{27}$, $4=\log\frac{1}{81}$ 이런 식으로 쓰면 됩니다.”

루이즈는 이해한 듯이 입을 비죽 내민 채 고개를 살짝 끄덕였다.

"저도 질문 하나 할게요."

나는 오른손을 살짝 들었다.

"어어, 네… 선생님. 제, 제가 답할 수 있는 질문인… 거죠?"

그의 너스레에 난 피식 웃었다.

"파스칼 씨와의 편지에서는 계속 10이 곱해지는 수열을 B로 택하셨던데, 그 이유가 뭔가요?"

"그… 그야 우리가 십진법을 쓰니까 10단위를 거듭 곱하는 수열이 아무래도 다루기 편하니까요. 아, 당연히 선생님께서 저보다 더 잘 아시겠지만 이건 제가 생각해 낸 게 아니라… 잉글랜드 수학자 헨리 브릭스가 고안한 방식입니다."

헨리 브릭스는 또 누굴까. 새삼 페르마의 서재에 가득 꽂혀있었던 수학책들이 결코 장식품이 아니었다는 사실이 와닿는다. 그동안 내가 보았던 그 어떤 수학자들 못지않게, 아니, 어쩌면 그보다 더 수학에 진심인 사람.

그런데 이런 사람이 과거에 나에게서 수학을 배웠단 말이지…?

V.

파스칼의 이어지는 편지는 슈발리에 드 메레가 제시했다는 또 다른 문제로부터 시작했다.

실력이 같은 두 사람이 같은 돈을 걸고 게임을 해서 먼저 5점을 얻는 사람이 돈을 모두 가지기로 했다.

그런데 4:3의 득점 상황에서 게임을 중단해야 한다면 돈을 어떻게 나누어 가져야 하는가?

페르마가 수학에 진심인 사람이라면 메레는 도박에 진심인 사람이라고 해야 할까? 제시했다는 문제들이 어째 죄다 그의 도박 경험에서부터 우러나온 듯하다.

편지에서 블레즈 파스칼은 이 문제 아래에 자신의 답안도 함께 적어서 보냈다.

4점을 얻은 사람을 A, 3점을 얻은 사람을 B라고 하겠습니다.

현재 상황에서 A는 한 게임만 더 이기면 모든 돈을 가져가지만, B는 두 게임을 이겨야만 돈을 가져갈 수 있습니다. 이는 A와 B의 실력이 같다는 문제의 가정대로라면 A의 상황이 B의 상황보다 두 배만큼 더 유리하다는 사실을 의미합니다.

따라서 합리적인 사람이라면 전체 돈을 삼등분해서 **A의 몫으로는 2를, B의 몫으로는 1을 나눠야 할 겁니다.**

비록 쉬운 문제이지만 일전의 편지에서처럼 저는 페르마 씨의 놀라운 식견을 한 번 더 경험하고 싶은 마음입니다. 페르마 씨는 어떻게 생각하십니까? 제 답에 정확히 동의하시나요, 아니면 저번처럼 또 색다른 풀이법을 떠올리고 있으신가요?

가급적 빠른 답을 주시기를 바랍니다. - 블레즈 파스칼

기분 탓일까? 분명히 문체에는 예의와 격식이 묻어있지만 어쩐지 그 속에는 가시가 돋쳐 있는 느낌이다. 물론 그저 내 착각일 수도 있지만.

아무튼 페르마와 파스칼이 주고받은 편지는 여기서 끝이 났다. 나는 다시 편지 뭉치를 뒤져서 이 편지에 대한 페르마의 답장을 찾아보았지만 보이지 않는다.

… 그러고 보니 페르마가 나에게 이 편지들을 건네줄 때 곤란한 상황을 마주하여 답을 미뤄두고 있다고 얘기했던 게 기억 난다. 페르마가 망설이고 있다는 답장은 다름 아닌 이 편지에 대한 것이었구나.

어째서일까. 문제도, 파스칼의 답안도 그다지 어렵게 읽히지 않는 걸로 보아 페르마가 몰라서 답을 미룬 건 아닌 듯한데.

나는 편지 봉투들을 갈무리하고 자리에서 일어났다.

VI.

편지 내용을 논의하고자 페르마의 집무실에 왔다. 하지만 그는 내가 자신의 방문 앞에 서 있다는 사실조차 인지하지 못한 채 업무에 열중하고 있다.

인근 지역에서 흑사병이 번지는 바람에 집에서 근무하게 되었다고

좋아하던 그를 보고, 나는 혹시 그가 수학에만 빠져 본업에는 소홀한 사람인 건 아닐까 의심했었는데, 저 모습을 보아하니 그야말로 오해였구나 싶다.

"어?! 샤를롯 선생님? 언…제부터 거기 계셨던 건가요? 오셨으면 저를 부르시지…"

기지개를 켜느라 잠시 고개를 들던 페르마가 마침내 나를 발견했다.

"너무 열중하시기에 방해하면 안 된다고 생각했어요. 일이 아주 바쁘신가 보네요."

"아, 아뇨… 오늘 하필이면 구호품 수요 인원 조사자료를 올리라고 해서요. 아하하. 근데 무슨 일로… 오신 건가요, 선생님?"

"그런 자료를 의원님께서 직접 다 검토하시는 건가요? 아랫사람들이 할 일 같은데."

"그…렇긴 한데 어찌 됐든 마지막 결제는 제 서명이 쓰이잖습니까? 그러니까 혹시라도 잘못된 게 없는지… 다 봐봐야죠."

"완벽주의자시군요. 피에르 님은."

페르마는 수줍게 웃었다. 난 집무실로 찾아온 용건을 꺼냈다.

"사실은 주셨던 편지를 방금 다 읽어서, 마지막에 파스칼 씨의 편지에 답을 미루신 이유를 여쭤보러 온 거예요."

"아아! 벌써요? 이야… 역시 선생님께서는 아주 빠르시군요."

"혹시 바쁘신 거면 이따 저녁에 이야기할까요?"

"음… 그럼 저도 잠깐 머리 식힐 겸 지금… 얘기할까요? 어, 어차피 선생님이시라면 제 생각도 금방 이해하실 테니. 하하…"

그는 자리에서 일어나 방 가운데에 있는 탁자로 날 안내했다. 그러고 보면 지나칠 정도로 화려하다 싶었던 만찬실과는 다르게 여기 집무실은 지나치다 싶을 정도로 검소한 분위기다. 그 흔한 액자조차 하나도 벽에 걸려있지 않다.

자리에 앉은 페르마는 내가 가져온 편지 봉투들을 한번 보더니 입을 열었다.

"선생님께서는 파스칼 님의… 그 답을 어떻게 생각하시나요? 그러니까… 두 사람이 각각 2, 1씩 가져가야 한다는 거요."

"… 대뜸 그 부분을 물어보시는 걸 보면, 혹시 의원님께서는 그 답에 오류가 있다고 생각하시나요?"

"네… 저는 그렇게 생각하는데요. 그러니까 2와 1이 아니라 3과 1로 분배되어야 하지 않나…"

2:1이 아니라 3:1 분배라?

"왜 그렇게 생각하시나요?"

"으음. 그러니까 말이죠."

페르마는 옆에서 종이 한 장을 가져와 펜으로 적으며 설명하기 시작했다.

"A와 B의 점수가 4대 3이었으니까, 여기서 이제 게임을 한 번 더 했다면 점수가 이렇게 되겠죠."

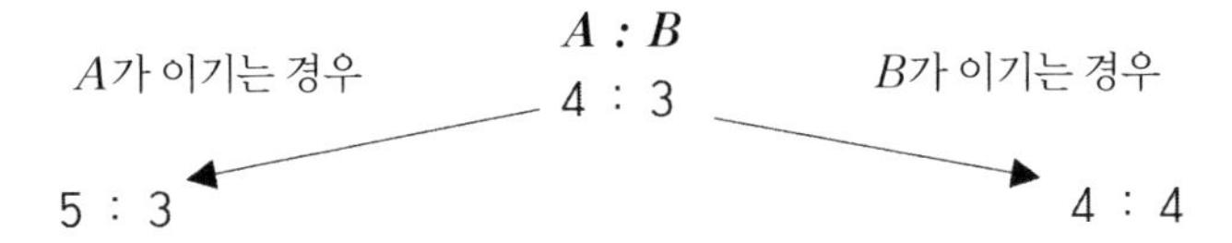

"문제에서 *A*와 *B*의 실력이 같다고 했었으니까 이 두 경우가 실제로 벌어질 가능성은 같을 거고요."

나는 고개를 끄덕였다. 맞는 말이다.

"이 상태에서 한 번 더 게임을 한다고 생각해 보면 점수는 이렇게 되지 않겠습니까?"

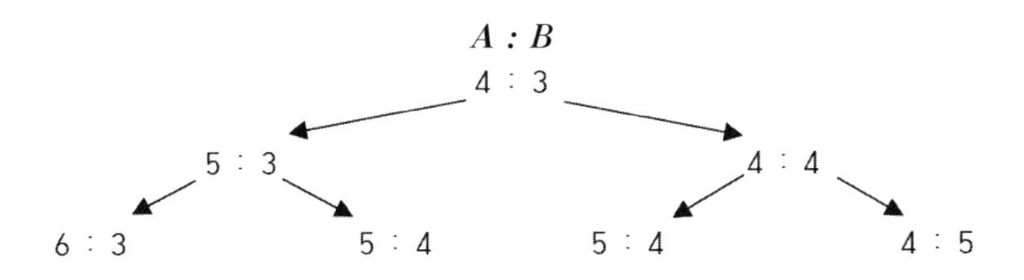

"그리고 5점을 얻는 사람이 최종적으로 이기는 거니까 *A*가 최종적으로 승리하는 경우는 이 셋이고 *B*가 승리하는 건 이거 하나뿐이죠."

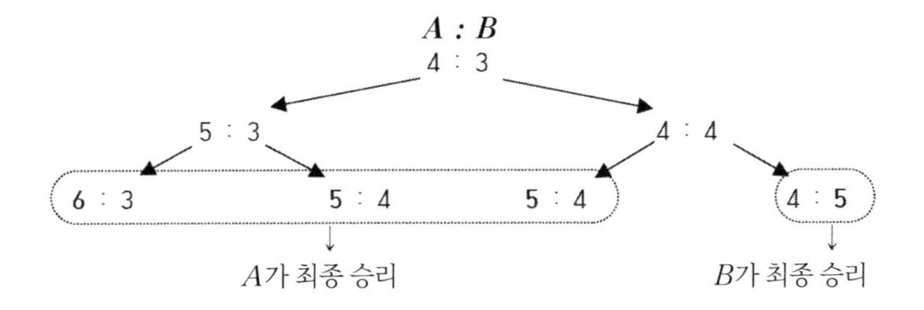

아하, 그래서 A가 B의 세 배만큼의 돈을 가져가는 게 맞는다는 논리인 거구나. 일리 있는 설명이다. 다만…

"실제로 왼쪽의 두 경우는 발생할 수가 없겠죠. 이미 그에 앞서 5:3인 상황에서 A의 최종 승리로 게임이 끝날 테니까요."

"아! 그, 그렇죠. 그러니까 원래대로라면 이, 이게 맞을 겁니다."

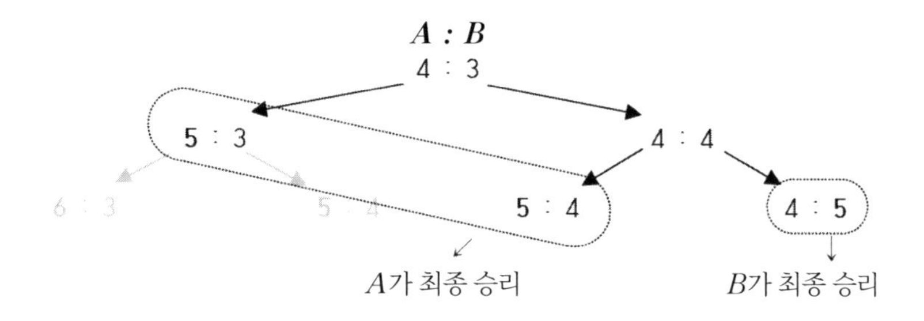

이렇게만 본다면 또 A가 최종 승리하는 경우는 두 개, B가 최종 승리하는 경우는 한 개니까 2:1 배분이 맞는다고 볼 여지도 있겠는데?

… 아니다.

"왼쪽의 5:3 경우는 사실상 6:3과 5:4의 경우를 포함하고 있다는 얘기군요!"

"예 예. 그렇습니다. 오른쪽의 5:4와 4:5를 그 위의 4:4가 포함하고 있었듯이 말이죠."

"그렇다면 파스칼 씨의 2대1 분배 논리는…"

명쾌한 설명에 머리가 맑아지는 기분이다.

"실은 각 상황이 발생할 가능성이 다르다는 사실을 간과한 걸로 볼 수 있겠네요."

"예… 제 생각은 그렇습니다. 선생님께서도… 그렇게 생각하십니까?"

"네."

나는 페르마를 보며 미소를 지었다. 그런 내게 그는 탁자 옆에 놓여 있던 편지 봉투 하나를 내밀었다.

"이건 뭐죠?"

"제가 방금 설명해 드린 내용을 적은 겁니다. 파스칼 님께 발송하지는 않았지만, 일단은 적어둔… 거예요."

나는 봉투를 열어 편지를 꺼내 보았다. 깔끔하게 정리된 내용이 페르마의 깔끔한 글씨체와 어우러져 하나의 작품과도 같아 보인다.

"이렇게 잘 써두시기까지 하고선. 왜 보내지 않고 계신 거죠?"

나의 물음에 그의 표정은 눈에 띄도록 어두워졌다.

설마. 그가 곤란한 상황이라고 했던 게…

"혹시 파스칼 씨의 논리가 틀렸음을 지적하는 일이 껄끄러우신 건지요?"

"…"

역시 그렇구나. 분명 내가 파악하는 페르마의 성격대로라면 자칫 싸움이 벌어질지도 모르는 이런 편지를 보낸다는 건 몹시도 꺼려지는 일일 테지. 파스칼의 성격이 어떤지는 모르지만, 남이 자신이 틀렸다고 지적하는 상황을 달가워하는 이란 몹시 드무니까.

"그러면 의원님께서는 이대로 답을 안 보내실 건가요? 그 또한 실례되는 건 마찬가지이니, 차라리 정중하게 내용을 알려드리는 편이 좋을 텐데요."

"문제는 그가 전문 수학자라는 사실입니다. 저는 그저 취미 수학자일 뿐이고요. 전공도 하지 않은 제가 아무리 정중하게 '당신이 틀렸다.'라고 한들 그 블레즈 파스칼 님께 정중하게 들릴 리는 없을 테지요."

"아아…"

파스칼의 마지막 편지에서 느껴졌던 그 묘한 날카로움의 근원이 무엇이었는지도 이제야 이해되는 듯하다. 어쩌면 파스칼이 원했던 건 진짜로 이론의 참 거짓을 논하는 게 아니었을지도…

"그리고 그 행위는… 마랭 메르센 신부님에게도 실례를 끼치는 일일 겁니다. 파스칼 님의 지도교수님이 바로 메르센 신부님이라고 하더군요. 혹시… 선생님께선 모, 모르고 계셨던 건가요?"

페르마의 말에 난 이번에야말로 깜짝 놀랐다.

그 말이 사실이라면 더욱이 지난 몇 년간 나와 파스칼 사이에 친분이 없었다는 건 말이 안 된다. 내가 말도 안 되게 마랭 신부님과 담을 쌓고 지냈던 게 아니라면 말이다.

아마도 영영 파스칼에게 닿지 않을 페르마의 미발송 편지를 쥐고서 난 씁쓸한 미소를 지었다.

이상한 현상

I.

"디오판토스의 『산법』이요?"

"네. 의원님께서 공부하셨던 책이 있다면 좀 볼 수 있을까요?"

"아… 아마 산법이라면 집에 새 책도 몇 권 있을 겁니다, 잠시만 기다려 주세요."

"아니요."

나는 자리에서 일어나려는 페르마의 팔을 다급히 붙잡았다.

"새 책 말고 꼭 의원님께서 공부하셨던 책으로 가져다주세요."

"제가 예전에 공부했던 것으로요?"

나는 고개를 끄덕였다. 페르마는 한쪽 눈썹을 올리며 의아한 표정을 짓다가 이내 알겠다며 방을 나갔다.

이 집에 머무르며 공부(주로 마랭 신부님의 살롱에서 출간된 회지들)를 하며 지내는 와중에 어제저녁 문득 기억이 떠올랐다. '페르마의 마지막 정리'. 그 장대한 문제의 시작이 페르마가 디오판토스의 산법에 남긴 메모로부터 비롯되었다는 사실을.

페르마가 그 메모를 남긴 시기가 언제인지를 정확히 알 순 없다. 하지만 언제나 새로운 것을 찾아 탐구하는 그의 성격상, 과거에 이미 공부했었던 책을 다시 보진 않을 테니 어쩌면 지금 시점에서 이미 그 메모가 남겨져 있을 가능성도 있다.

역사적인 그 메모를 내 두 눈으로 직접 확인할 수 있을 거란 기대감으로 그를 기다린 지 한참의 시간이 흘러, 슬슬 그에게 무슨 일이라도 생긴 건 아닌지 걱정이 될 무렵. 마침내 페르마가 두꺼운 책 한 권을 들고서 함박웃음을 지으며 돌아왔다. 그에게서 좀처럼 보기 힘든 표정이다.

"서, 선생님! 이 책… 기억나십니까?!"

난 그가 내민 책을 받았다. 디오판토스의 산법이라 크게 쓰여있었지만, 당연하게도 내가 이전의 삶들에서 보았던 모습과는 다른 표지와 형태의 책이다.

"클로드 가스파르 바쉐…?"

특히 표지에 적힌 낯선 문구. 혹시 이 시대에 이 책을 출간한 사람의 이름인 걸까.

"네에! 수학자 클로드 가스파르 바쉐 드 메지리아크가 주석을 단 책이죠. 이거 옛날에 선생님께서… 제게 조금 가르쳐 주셨었는데."

"예? 제가요?!"

"아마 그때 한 달도 안 돼서 제가 포기했던 기억인데. 하하. 물론 나중에는 다 공부하긴 했지만요. 오, 오랜만에 보니까 저는 그때 기억이 새록새록 나던데, 선생님께서는 역시… 안 나시는 건가요?”

“…”

기대감에 찬 그의 눈빛과 달리, 나는 어쩐지 섬뜩한 기분이 들어 이 책을 펼치는 게 망설여졌다. 정말이지 아무런 기억조차 나지 않는, 페르마가 말하는 과거의 나란 정말로 내가 맞기는 한 걸까? 어떻게 이 정도로 기억을 망각할 수 있는 거지?

차분하게 책을 펼쳐 보았다. 그리고 나는 그대로 책을 땅에 떨어뜨리고야 말았다.

책의 첫 장엔 나의 필체임이 분명한, 더군다나 ‘한글’로 또박또박 쓰인 글귀가 있었다.

난 여기서 무사히 잘 살고 있어.

Ⅱ.

‘여긴?’

눈을 뜨니 천장이 보인다. 내가 머무는 페르마 집의 방 안이다. 설마… 내가 기절했었던 건가?

몸을 일으켰다. 방에는 어떻게 돌아온 거지? 내 마지막 기억은 산법책의 첫 장에 쓰여 있던 내 글씨를 본 것인데.

“어떻게 됐던 거야?”

갑작스레 들려오는 목소리를 따라 난 책상 쪽으로 고개를 돌렸다.

“너! 네가 왜?!”

목소리의 주인은 다름 아닌 ‘그녀’였다! 왜 나타난 거지? 이렇게 갑자기?

그녀는 의자에 앉은 그대로 양 무릎에 팔을 받치며 나를 쳐다본다.

“어디에 갔었던 거냐고.”

“뭐?”

어디에 갔었냐니 무슨 소리지? 난 기절했다가 지금 막 깨어난 참인데.

“외부인이면 외부인답게 조용히 머물 것이지. 왜 그렇게 나대는 건데?”

“… 무슨 말이야 그게?”

그녀는 코웃음을 쳤다.

“지난 이틀 동안 사라졌었잖아. 너.”

“사라졌었다고? 내가?”

“시치미 떼도 소용없어. 내가 세상 어디든 다 보고 있다는 걸 알면서 괜한 연기하지 말라고.”

이틀? 설마 내가 이틀 동안이나 기절해 있었다는 건가? 그런데 사라졌었다는 건 또 무슨 말이지?

“… 난 페르마가 건네준 책을 받고서 아마 그대로 기절했었어. 지금 막 깨어난 참이고. 사라졌었다니? 그게 무슨 말이야?”

한동안 정적이 흘렀다. 이내 그녀는 무척 언짢은 표정으로 고개를 가로젓다가 말을 이었다.

"너… 분명히 내 계획이 어긋날 일 없게 잘 따라준다고 했었지?"

"그래. 난 변함없이 최선을 다해서 노력하고 있어."

"그럼, 대체 지난 이틀의 공백은 뭔데?! 어서 솔직히 말하지 못해?!"

당최 무슨 연유인지도 모를 일에 대해서 화까지 내는 그녀를 보니 억울하기도 하거니와, 그동안 나도 애써 참아왔던 화가 슬슬 치밀어 올랐다.

"그럼, 진짜로 모르는 걸 어떻게 말해?! 나야말로 설명을 듣고 싶은 입장이라고. 내가 너와 그 약속을 한 이후로 그동안 얼마나 행동을 조심하고 있는진 알아? 내 노력은 보지도 않은 거야?"

"…"

"그렇게 내 존재가 눈엣가시면 차라리 '그분'에게 가서 따질 것이지, 왜 열심히 애쓰는 나에게 매번 이러는 거니?!"

"네가 감히 그분을 불경스럽게 입에 올려?! 미친 거 아냐?"

그녀는 도끼눈을 뜨고서 나를 죽일 듯 노려보았다. 그 모습에 난 기가 막혀 실소가 터져버렸다.

"샤를롯 선생님! 이, 일어나 계신가요?!"

갑자기 문밖에서 다급한 페르마의 목소리가 들려왔다. 동시에 그녀의 모습은 순식간에 그 자취를 감추었다.

"네. 들어오세요."

방 안으로 들어온 페르마의 안색은 하얗게 질려있었다. 또 무슨 일인 걸까.

"저에게 말씀도 안 하시고! 서, 설마 파스칼 님에게 편지를 발송한 겁니까? 네?"

"예? 그게 무슨 말씀인가요?"

"방금 우편국에서 돌아온 하인이 알려줬습니다. 어제 날짜에 저에게서 파스칼 님에게로 편지 발송 기록이 있었다고요! 제… 제가 읽기만 하시라고 드렸던 그 편지를 왜… 왜 말씀도 없이 보내신 겁니까?!"

그의 다그침에 걷잡을 수 없이 머리가 혼란스러워진 나는 아무런 대답도 할 수 없었다.

Ⅲ.

창가에 놓인 탁자 앞에 앉아 멍하니 창밖을 바라본다. 건너편 집의 느슨하게 늘어진 처마 위로 작은 새 두 마리가 앉아 지저귀고 있다.

미안.

사라였던 내가 죽었을 때 공허 속에서 들은 목소리였다. 아마도 그녀가 '그분'이라 부르는 존재의 음성이었으리라.

어쩌면 삶이 덧씌워지기 전 나의 몇 년간의 공백도, 지난 이틀간의 공백처럼 그녀가 아닌 그분이 행한 일이었던 걸까. 지난 이틀의 공백이 그녀에 의한 게 아니었음은 그녀의 행동을 통해서 확실해졌고, 비록 그 기간에는 큰 차이가 나지만 어쩐지 두 기억의 공백에서 비슷한 기분을 느낄 수 있다. 공포감마저 드는, 문자 그대로의 공백.

자꾸만 이 세상의 뒷얘기를 알아가는 기분이다. 물론 지금 내가 꿈을 꾼다거나 하는 건 아니지만… 그래. 차라리 꿈이었으면 좋겠다. 꿈에서 깨어나면 나를 구속하는 그녀든, 그분이든 다 사라졌으면 좋겠다. 그리고 내가 눈을 떴을 때 샤를롯이 아니라 다시 서연이라면… 서연의 모습으로 그간 아무 일도 없었던 것처럼 그에게 카톡 인사를 보낼 수 있다면 참으로 좋겠다. 평범하게 다시 학원도 가고 독서실도 가고.

어쩌면… 진짜로 이 세상이 환상 속인 건 아닐까? 마치 공상과학 영화처럼, 만화처럼 나도 모르는 사이에 가상현실 속으로 빠져들었다든지 하는 일이 일어난 건 아닐까. 그런데… 설령 그렇다고 한들 어떻게 내가 이 세상을 빠져나갈 수 있는 걸까? 피부로 와닿는 삶의 감촉은 그때와 전혀 다를 게 없는데. 이토록 내가 살아있음이 생생하게 느껴지는데.

그때와의 유일한 차이점이라면 오직 '그녀'나 '그분' 같은 초월적 존재의 유무다. 지금도 실재하는지조차 분간되지 않는 그분이라는 존재는 둘째치더라도, 그녀의 존재는 그야말로 그때와 지금 내 삶의 경계를 분명히 느끼게 해준다. 서연이었을 적에는 아무리 봐도 그녀라고 의심될 만한 주변 사람이 없었으니까. 하지만 그때 이후로의 내 삶에서는 언제나 그녀가 주변에 나타나곤 했다. 이름도 나이도 사는 곳도 모르지만 몹시 친근하게 느껴지는 인물. 만약 그녀라는 존재마저 없었다면 난 이런 공상조차도 하지 못할 만큼 삶의 구분을 할 수 없었을 테다.

… 아니다. 그녀의 존재보다도 훨씬 이상한 점이 한 가지 더 있다. 바로, 기억이 사라진 지난 내 이틀간의 행적.

내가 정말로 페르마가 파스칼에게 보내지 않고 갖고만 있던 그 편지를, 페르마의 허락도 구하지 않고 발송했다고? 내가 페르마의 마음을 거스르는 그런 행동을 했다는 점도 쉽게 이해가 되지 않지만, 무엇보다 이 세계의 흐름에 영향을 끼치지 않겠다는 그녀와의 약속을 깨는 행동을 나 스스로 했다는 사실을 도저히 받아들일 수 없다. 내가 아는 페르마의 성격대로라면 그 편지는 파스칼에게 전달되지 않는 게 역사의 자연스러운 흐름이었을 테니까. 아까 페르마가 나에게 그토록 큰 목소리로 다그쳤던 것만 보아도 알 수 있듯이.

한마디로, 그건 절대 나였을 리 없다. 그녀의 존재가 이 세상을 이질적으로 느끼게 한다면, 기억의 공백 속 지난 이틀간의 내 행적은 이 세상의 개연성마저 송두리째 앗아가는 느낌이다.

그녀가 만약 이 일을 알게 된다면… 물론 지금의 난 몹시 억울하지만 그야말로 대형 사고가 아닐 수 없다. 할 수만 있다면 이틀 전으로 되돌아가 그때의 내 몸을 빌려 간 그 존재와 마주하고 싶다. 그리고 한껏 따져 묻고 싶다. 어째서 그런 짓을 했느냐고. 내가 그녀와의 약속을 지키기 위해 노력해 온 지난날들을 다 물거품으로 만들어 버린 이유가 뭐냐고.

쿵 쿵 쿵.

그러고 보니 언젠가부터 내 심장박동이 이상하리만치 커지고 있음이 느껴진다. 뭐지? 깜짝 놀란 난 몇 번 크게 심호흡을 했다. 하지만 좀처럼 진정되지 않고 박동은 점점 더 격렬해져 간다.

당황스럽지만, 몸을 안정시키기 위해 의자 등받이에 등을 기대고 앉아서 쭉 기지개를 켜보았다. 하지만 피가 얼굴로 쏠리며 오히려 역효과만 났다. 이제는 쿵쿵거리는 그 박동이 두 귀에까지 진동한다. 동시에 내 두 눈에는 찌릿한 기운이 마구 스쳐 지나간다.

온몸에 소름이 돋고 식은땀마저 난다.

'이… 이 증상은!?'

처음 겪지만 어쩐지 익숙한 증상이다. 마치 가위에 눌릴 때와도 비슷하지만, 내 삶이 다른 삶으로 넘어갈 때 겪곤 했던 증상과도 비슷하다. 그 두 증상이 불쾌하게 섞인 느낌이랄까.

그런데 왜 지금 내게 이런 일이 나타나는 거지? 난 전혀 졸리지도 않고, 아직 다른 삶으로 넘어가기 위한 날짜도 한참이나 남았을 텐데?

그런데 바로 그 순간.

무의식적인 눈깜박임에 맞춰 내 눈앞의 광경이 뒤바뀌었다.

Ⅳ.

"선생님!?"

바닥에 놓인 디오판토스의 산법 책이 보인다. 페르마는 나의 팔을 붙잡아 흔들고 있다.

"아…?"

"괜찮으신… 거죠? 왜 그리 놀라시는 건가요?"

고개를 들어 빠르게 주위를 둘러보았다. 여긴… 1층 응접실?!

페르마와 내가 입고 있는 옷이 눈에 들어온다. 그제야 나는 상황을 깨달았고, 머리끝까지 소름이 끼침을 느낀다.

지금 이 광경은 그저께 내가 기억을 잃었던 바로 그 순간이다!

"책에 무슨 문제라도… 있는 건지요? 저는 그저 선생님께서 부탁을 하시니 가져다드린 거뿐인데. 왜… 그리 놀라시는 건지?"

"아, 아뇨! 이건 의원님 때문이 아니라…"

나는 본능적으로 바닥에 떨어져 있는 산법을 다시 주워들었다. 그러고 보니 내가 왜 이 책을 페르마에게 가져다 달라고 했더라? 아, 맞다. 페르마의 마지막 정리가 담긴 메모를 내 눈으로 확인해 보려 했었어.

페르마의 걱정스러운 눈빛에 민망해진 나는 책으로 황급히 시선을 돌렸다. 문득 책 하단부에 모서리가 접힌 쪽이 꽤 많이 눈에 들어온다.

"이… 이 접혀 있는 쪽들은 혹시 의원님께서 공부하시며 메모를 남긴 부분들인가요?"

"예. 그렇긴 한데… 왜 목소리까지 떠시면서…"

나는 다소 과장된 손짓으로 책장을 빠르게 넘기며 접힌 부분을 훑었다. 그러다 역시, 금방 찾을 수 있었다.

임의의 세제곱수는 다른 두 세제곱수의 합으로 표현될 수 없고, 임의의 네제곱수 역시 다른 두 네제곱수의 합으로 표현될 수 없으며, 일반적으로 3이상의 지수를 가진 정수는 이와 동일한 지수를 가진 다른 두 수의 합으로 표현될 수 없다.

난 이것을 경이로운 방법으로 증명하였으나, 책의 여백이 충분하지 않아 옮기진 않겠다.

정신이 없는 와중에도 마음을 울리는 감동이 전해지는 순간이다. 정말로 이 메모를 내 눈으로 직접 보게 될 줄이야.

“의원님. 혹시 이 책을 제 방에 가져가서 좀 봐도 될까요?”

“네… 그러시죠. 그런데 정말로 괜찮으신 거 맞나요? 제 주치의를 불러보는 건 어떨지요? 아… 부담은 갖지 마시고요.”

“아니에요. 정말로 괜찮습니다.”

난 애써 그에게 입꼬리를 올리며 빙긋이 웃어 보였다.

V.

방에 돌아온 난 상황을 이해해 보려 애썼다. 하지만 ‘알 수 없는 이유로 내가 이틀 전의 과거로 왔다.’는 사실 외에 명확히 인지할 수 있는 건 아무것도 없었다.

의자에 앉아 페르마에게서 받아온 책을 펼쳐 본다. 나를 기절케 했던, 내 필체의 글씨를 엄지손가락으로 쓱쓱 문질러본다. 꽤 오래전에 쓰인 건지 잉크가 딱딱하게 굳어서 번지지 않는다.

아까 봐두었던 쪽을 다시 펼쳐 본다. 빈틈없이 메모가 빼곡히 적혀 그야말로 '여백이 충분하지 않은' 쪽. 페르마의 마지막 정리가 적힌 부분.

물론 지금 시대에도 이걸 정리라고 불러야 할지, 아니면 추측이라 불러야 할지는 좀 애매하지만[1],

하여튼 페르마의 마지막 정리가 적힌 쪽에는 하나의 제곱수를 또 다른 두 개의 제곱수의 합으로 분리하는 내용이 서술되어 있다. 그 예로 제시된 건 4의 제곱수인 16을 $\frac{256}{25}$과 $\frac{144}{25}$의 합으로 표현하는 과정이다.

$$\mathbf{16 = \frac{256}{25} + \frac{144}{25}} \quad \Leftrightarrow \quad 4^2 = \left(\frac{16}{5}\right)^2 + \left(\frac{12}{5}\right)^2$$
$$\Leftrightarrow \quad 16 \times 25 = 256 + 144 \quad \Leftrightarrow \quad 400 = 256 + 144$$
$$\Leftrightarrow \quad \mathbf{20^2 = 16^2 + 12^2}$$

예전 삶에서 내가 이 책을 공부했을 때는 사실 별로 대수롭지 않게 넘겼던 부분이다. 그도 그럴 게 이 내용은 그저 피타고라스의 정리를 자

1 '정리'란 이미 참으로 증명이 된 명제를 일컬으며, 아직 증명이 되지 않은 명제는 '추측' 또는 '가설'이라 부른다.

연수에 거꾸로 적용한 사례에 지나지 않기 때문이다.

① 두 직각변의 길이가 a, b이고 빗변의 길이가 c이면 다음의 등식이 항상 성립한다(**피타고라스의 정리**).

$$\boldsymbol{a^2+b^2=c^2}$$

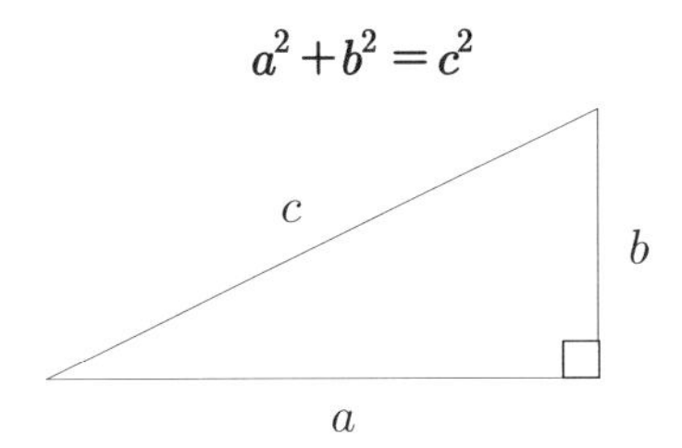

② 이 등식은 때로 a, b, c가 모두 자연수일 경우에도 성립하곤 하는데(**피타고라스 삼조**), 그 흔한 예시는 다음과 같다.

$$3^2+4^2=5^2$$

$$5^2+12^2=13^2$$

$$8^2+15^2=17^2$$

③ 이 책에 제시된 등식은 다음과 같다.

$$16=\frac{256}{25}+\frac{144}{25} \quad \Leftrightarrow \quad 20^2=16^2+12^2$$

$$\Leftrightarrow \quad \boldsymbol{12^2+16^2=20^2}$$

이처럼 전혀 새로운 것 없는 내용이지만, 이 내용 아래에 적힌 페르마의 메모 전문은 매우 놀라운 내용을 담고 있다.

임의의 세제곱수는 다른 두 세제곱수의 합으로 표현될 수 없고, 임의의 네제곱수 역시 다른 두 네제곱수의 합으로 표현될 수 없으며, 일반적으로 3 이상의 지수를 가진 정수는 이와 동일한 지수를 가진 다른 두 수의 합으로 표현될 수 없다.

이를 식으로 간결하게 표현하자면 다음과 같다.

n이 3 이상의 자연수일 때,

$$a^n + b^n = c^n$$

을 만족하는 자연수 a, b, c는 존재하지 않는다.

물론 나는 이 '정리'가 이후 몇백 년간 수많은 수학자의 머리를 아프게 했다는 사실을 알고 있다. 하지만 그런 배경지식을 차치하고서도, 나는 이 메모에서 드러나는 페르마의 자유로운 사고방식과 수학을 대하는 진중함에 큰 놀라움을 느낀다.

그동안 난, 심지어 과거에 이 책을 다른 이들을 대상으로 수업도 여러 번 했음에도 불구하고, 단 한 번도 페르마처럼 이 책에 쓰인 내용을 비틀어 본다든지 일반화해 볼 생각을 못 했었다. 이는 나만 그런 게 아닐 거다. 피타고라스의 정리인 $a^2+b^2=c^2$를 알고 있는 사람이라면 누구나 이 부분을 별생각 없이 속독으로 넘겼을 테다. 마치 우리가 숨을 쉬는 행위나 눈을 깜박이는 행위를 매 순간 진지하게 곱씹어보지는 않듯이 말이다, 그만큼 누구나 대수롭지 않게 넘어갈 만한 부분이다.

하지만 페르마는 이를 $a^3+b^3=c^3$나 $a^4+b^4=c^4$ 정도가 아니라, 아예 지수를 일반화시킨 $a^n+b^n=c^n$까지 그 사고의 확장을 시도했다. 심지어 시도에서만 그친 것이 아니라 나름의 깊이 있는 고찰을 통해 결론까지 냈다.

비록 '여백이 부족하여' 증명은 생략되어 있지만 내가 이를 '깊이 있는 고찰'이라 생각하는 이유는 페르마, 그가 결코 허언을 하는 사람이 아니기 때문이다. 특히 수학에 대해 누구보다 진심인 그가. 만약 상당한 수준의 확신이 없었더라면 이 메모는 이처럼 마침표로 끝나는 게 아니라 물음표로 끝나있었을 테다. "n이 3 이상의 자연수일 때… 과연 a, b, c는 언제나 존재하지 않는 걸까?"와 같이 말이다.

지극히 평범한 내용에서 이처럼 비상한 사고의 확장이 가능했던 건 그만큼 그가 이론 하나하나를 곱씹어 가며 아주 깊이 생각한다는 사실을, 그리고 그의 수학적 사고방식이 무척 유연하고 자유롭다는 사실을 알 수 있게 한다. 마치 과거에 히파티아 선생님께서 내게 보여주신 수학에 대한 그 태도를 다시 한번 보는 것과 같이.

손가락으로 페르마의 메모를 문질러본다. 마찬가지로 꽤 오래전에 쓰인 건지 잉크가 번지지 않는다.

내가 서연이었을 적에, 그러니까 먼 미래에는 이 페르마의 정리에 대한 여러 논란이 있었다. 그중 가장 화젯거리는 역시 '과연 페르마가 이 정리의 증명을 진짜로 알고 있었을까?' 하는 내용일 거다. 수백 년이 지나 먼 미래의 수학자들이 먼 미래의 최신 수학 이론들로 그야말로 간신히 증명에 성공한 이론이기에, 상당수의 사람은 정작 페르마가 이 정리의 증명을 모르고 있음에도 허언을 한 것이거나 잘못된 증명을 옳은 증명이라고 착각했을 거라 주장했다.

오늘은 시간이 늦었으니 내일 직접 그에게 물어봐야겠다. 그럼, 아마도 난 인류 최초로 페르마에게 이 정리에 관한 여러 논란을 직접 확인한 사람이 되겠지.

… 그러면 그건 역사를 거스르는 행위일까? 이미 지금 시점에서는 이 내용에 관심이 멀어졌을 페르마의 관심을 다시금 불러일으켜, 혹시라도 그가 증명의 자세한 기록을 남기게 된다든지… 충분히 그럴 가능성이 있다. 그는 나를 무척이나 대단한 수학자인 줄 알고 있고, 그런 내가 이 미완결된 내용을 콕 짚어서 짙은 호기심을 표출하면 그의 성격상 이 상태로 내용을 방치해 두진 않을 테니까. 최대한 완벽하게 내용을 보완할 테지. 높은 확률로 이후의 수학사엔 큰 변화가 생길 거야.

이미 내가 이런 가능성을 알고 있는 상태에서 실제로 행동을 해버린다면? 그야말로 그녀와의 약속을 어기는 게 되겠고.

정말이지 내 손발을 확실하게 묶어버린 약속이다. 시간이 지나면 지날수록 과연 전지전능에 '가까운' 초월자다운 제안이었다고 느껴질 수밖에. 그 약속에 묶여 나는 매 순간 모든 행동을 감시받는 기분에 시달리니까.

그런데 문득 궁금해진다. 그녀가 내게 했던 그 얘기는 뭘까? 내가 이틀간 '사라졌었다'는 말. 세상 어디든지 항상 다 지켜보고 있다는 그녀에게 내가 이틀간 사라졌었다는 그 말은 마치 이틀간 내가 '보이지 않았다'는 의미 같기도 하다. 그녀는 내가 무슨 요란한 수라도 썼던 것마냥 화를 냈었지. 혹시 그렇다면 지금의 나, 그러니까 갑작스레 과거로 온 나는 지금 그녀의 눈에 보이지 않는 상태인 건 아닐까?

가슴이 두근거린다. 어쩌면… 지금의 난 그녀와의 그 약속에서 벗어난 상태일지도 모른다. 어떻게 된 영문인지는 모르지만, 이틀 전의 시간대로 정신이 깨어난 일은 그동안의 내 삶에서도 손에 꼽힐 괴이한 사건이니까.

하지만, 이게 어쩌면 그녀의 시험일 수도 있다는 생각도 든다. 내가 그녀의 감시에서 벗어났다는 착각을 하게 한 다음, 이후의 내 행동을 보려고? 만약 그런 안배를 해둔 거라면 더욱이 행동을 조심해야겠지.

확인해 볼 필요는 있다. 그런데 어떻게 확인할 수 있을까….

이런저런 고민을 하다 묘책 하나가 떠올랐다. 페르마의 편지! 파스칼에게 보내지 않고 있던 그 편지를 보내보는 거다!

그 행동은 역사를 거스르는 행동이다. 페르마를 몹시 당황스럽게 했던. 하지만 그와 동시에 이틀 후의 시점에서는 이미 벌어진 역사이기도 하다. 편지를 보내지 않는다면 이미 겪은 미래의 그 일들은 발생할 수 없었던 상황이 된다.

그야말로 역설적인 이 상황을 이용해 보는 거다. 오롯이 외부인인 나의 독단적인 행동인 만큼, 만약 그녀가 지금의 날 여전히 감시하고 있다면 분명히 나의 행동을 저지하려 나타날 거다. 하지만 문제 될 건 없다. 역설적인 상황인 만큼 그녀가 내게 어떻게 딴지를 건다고 해도 반박할 수 있으니까.

그런데 만약 그녀가 내 앞에 나타나지 않는다면? 그녀는 본인의 임무라고 말한 '이 세상을 감시·감독하는 일'을 소홀히 한 꼴이 된다. 물론 그녀가 임무를 소홀히 할 리는 없으니, 이는 곧 그녀가 지금의 내 행동을 인지하지 못하고 있다는 의미로 받아들일 수 있을 테지.

난 책상 오른편에 올려두었던 페르마의 편지를 집어 들고 자리에서 일어나 외투를 걸쳐 입었다. 아직 우편국은 업무를 한창 하고 있는 시간일 거다.

그리고 우편국에 걸어가 페르마의 이름으로 편지를 파스칼에게 발송하고 집으로 돌아와서 침대에 누워 잠들기까지. 꽤 긴 시간이었지만 그녀는 내 앞에 나타나지 않았다.

VI.

"그럼 ${}_6C_3$은 ${}_6P_3$에서 3!을 나눈 값이니까 ${}_6C_3 = \frac{{}_6P_3}{3!} = \frac{6\times5\times4}{3\times2\times1} = 20$이겠네!?"

"으, 응?"

이 목소린?

옆을 보았다. '그'다!

"이거 그러면 왜 ${}_nC_r = \frac{n!}{r!(n-r)!}$인지도 이해가 되네. ${}_nP_r = \frac{n!}{(n-r)!}$이니까 ${}_nC_r = \frac{{}_nP_r}{r!} = \frac{n!}{r!(n-r)!}$인 거였어. 대박! 순서를 고려하면 경우의 수를 곱해주고, 아니면 나눠주고. 그냥 경우의 수의… 무슨 법칙이더라? 그거대로 생각해 주면 당연한 거였네!"

"어… 곱셈법칙."

"아 맞다. 곱셈법칙! 아하하."

여긴 꿈속이구나. 내가 서연이었을 적. 그에게 순열과 조합을 가르쳐 주던 날인가…

울컥하는 마음에 난 옆에 있는 그를 와락 껴안았다.

"어엌!? 서, 서연아?"

나는 그대로 몇 초간 그를 가만히 안고 있었다. 눈물이 핑 돌았다.

"왜, 왜 그래? 응?"

팔의 힘을 풀고 살짝 뒤로 물러나 그의 얼굴을 빤히 보았다. 맞다. 분명히 그다. 엘마이온이자 율리우스. 이아손이자 아미르, 알레시오인 그…

"뭐야, 너 지금 울어? 눈이 빨갛네? 설마 내가 이걸 이해해서 지금 감동한 거야? 하하하."

바보같이 웃는 그의 얼굴이야말로 잘 익은 사과처럼 새빨개져 있었다. 나는 눈물을 훔치며 답했다.

"그래. 후훗. 기특해서 그랬다 왜?"

"야. 아무리 그래도 그렇지. 갑자기 안아서 깜짝 놀랐잖아."

난 그 순간. 번뜩하는 마음에 재빨리 우리 앞에 놓인, 그의 교과서 표지를 들춰보았다.

‘잠수함 30515 이은우’

잠수함은 본래 ‘수학’인 표지 글씨에 낙서를 해놓은 거다. 수학 앞에 잠을 쓰고 학의 ㄱ을 ㅁ으로 덧댄. 30515란 3학년 5반 15번이란 의미이고.

그리고 이은우… 마침내…

“이은우!”

벅차오르는 마음에 나는 소리치듯 그의 이름을 불렀다.

“왜, 왜!?”

“맞아! 너의 이름은 이은우였어!”

“그래. 넌 손서연이고. 아니 갑자기 왜 그러는데?”

“너…!”

뭔가 말을 하려다 이상한 느낌을 받았다. 그러고 보니 나… 지금 꿈에서 내가 하고 싶은 행동을 하고 있다.

그동안 내가 꾸었던 꿈속에서 나는 그저 방관자에 지나지 않았다. 아니. 정확히 말해선 나를 중심으로 펼쳐지는 어느 시점의 내 기억을 제삼자의 시점으로 바라보는 방식이었다.

그런데 지금은…

난 책상에서 두 손을 떼고 내 손을 움직여 보았다. 내가 원하는 대로. 내 의지에 따라 손이 움직여졌다. 마치 이게 꿈이 아닌 것처럼. 현실의 감각이 느껴진다.

"은우야."

"으, 응?"

"넌… 지금 여기가 꿈속이란 걸 알지?"

"엉?"

그는 그게 무슨 뚱딴지같은 소리냔 표정이었다. 그런가. 얘는 지금 이 상황을 모르는 건가.

아니면 지금은 설마… 내 꿈속이 아니라 진짜로 현실…?!

난 가방을 들어 지퍼를 열고 안에서 내 핸드폰을 꺼냈다. 저녁 7시 42분. 지금 시각.

그대로 핸드폰의 메인 화면을 한참 가만히 바라보았다. 그리고, 이내 핸드폰 화면의 시계는 7시 43분으로 바뀌었다.

"이은우!"

"응?"

"너 혹시 요즘에 갑자기 알게 된 여자애 없어? 키는 나랑 비슷하고 얼굴은 귀여운데."

"여자애?"

"어. 잘 생각해 봐. 근래에 알게 된 사이인데 가만히 생각해 보면 이름은 모르는 애가 분명히 있을 거야."

"이름 모르는 여자애? 그게 뭐 어디 한둘이어야지. 아하하."

"아니, 좀! 진지하게 빨리 생각해 봐."

"왜 그러는 건데? 아까부터 너 되게 이상한 거 알지? 무슨 일 있어?"

답답하다. 이걸 다 어떻게 얘기해야 하지.

"뭔지는 모르겠는데 좀 진정하고 있어 봐. 워워. 나 음료수 좀 뽑아올게. 넌 또 데자와지?"

"…"

그는, 은우는 내게 빙긋이 웃어 보이고선 자리에서 일어났다. 그제야 주위가 눈에 들어왔다. 여긴… 학원 자습실. 수업은 8시에 시작이지만 은우가 수학 물어볼 게 있다며 좀 일찍 와줄 수 있냐고 부탁했었고. 우린 7시 반에 여기 자습실에서 만났다.

복도에서 사람들 목소리도 작게 들려온다.

이게 다 어떻게 된 걸까. 난 지금 꿈을 꾸고 있는 게 아닌 건가? 하지만 방금까지 난 샤를롯으로 페르마와 같은 시대에 있었는데…

무의식적으로 핸드폰을 켜고서 인터넷에 들어가 '페르마'를 검색해 보았다. 온갖 수학 학원 홍보 글들 사이로 수학자 페르마에 대한 설명이 보인다.

피에르 드 페르마(Pierre de Fermat, 1607년~1665년 1월 12일)는 프랑스의 변호사이자 수학자이다.

페르마는 미적분학에서 이용되는 여러 방법을 창안하는 등 많은 연구 성과를 남겼다. 또 현대 정수론의 창시자로 알려졌고, 좌표기하학을 확립하는 데 크게 이바지했으며, 데카르트 좌표를 도입하였다. 그는 "페르마의 마지막 정리"라는 정리를 증명한 것으로 추측되고 있다.

그래. 샤를롯인 나는 바로 그 '페르마의 마지막 정리'가 담긴 메모를 눈으로 확인했어. 그것도 불과 몇 시간 전에 말이야.

이번에는 인터넷에 '페르마의 마지막 정리'를 검색해 보았다.

… 1995년에 이르러서야 영국의 저명한 수학자인 앤드루 와일스가 이를 증명하였다. 이 방법이 페르마가 살던 시기에는 발견되지 않은 데다가 매우 복잡하기 때문에 수학자들은 페르마가 다른 방법으로 증명했거나 증명에 실패했다고 추측한다.

이 정리를 증명하기 위한 수학자들의 각고의 노력 덕분에 19세기 대수적 수론이 발전했고 20세기에 모듈러성 정리가 증명되었다. 앤드루 와일스의 증명은 기네스북에서 가장 어려운 수학 문제로 등재되었다.

앤드루 와일스…. 이 정리를 증명한 수학자구나.

이번엔 '앤드루 와일스 증명'이라 검색해 보았다. 증명이 곧장 나오지 않아 영문으로 'Andrew Wiles Proof'를 다시 입력했는데, 역시 페르마의 마지막 정리의 증명에 대한 위키 문서와 pdf 파일들이 나왔다.

위키피디아에 들어가 보았다. 모듈러 형식, 타원 곡선, 타니야마 시무라 베일 추측, 프레이 곡선 등등 온갖 현대 수학 용어들이 망라되어 있다.

"진정은 좀 됐어?"

은우가 문을 열고 들어왔다. 자신이 마실 캔을 잠시 책상에 올려두고 내게 줄 캔의 뚜껑을 따서는 내게 내밀었다.

"근데 넌 대체 데자와를 무슨 맛으로 먹는 거야?"

그가 웃으며 물었다. 그러게. 난 이 밀크티 맛이 참 좋은데 의외로 싫어하는 애들이 더 많았었지.

내가 캔을 받아 들자, 그는 고개를 내밀어 내가 보던 핸드폰 화면을 함께 보았다.

"뭐야 이 영어와 수학의 끔찍한 하모니는?"

그의 바보 같은 억양에 '푭' 하고 웃음이 나왔다.

음료를 한입 머금었다. 맞아. 이 맛이었어. 너무나 오랜만에 느끼는 맛.

그런데 특유의 그 달콤한 맛이 목을 넘어가는 순간. 나는 다시금 이곳이 꿈이라는 걸. 그리고 이제 곧 꿈에서 깨어날 거란 걸 직감했다. 어쩐지 그런 느낌이 강하게 들었다.

"… 은우야."

"응?"

"고마워. 그리고 미안해."

"뭐가? 맨날 심부름시켜서?"

"아니. 그런 게 아니라…"

"고마울 게 뭐 있어. 내가 좋아서 하는 건데."

"어?"

난 고개를 들었다.

"학교에서 너 안 좋게 얘기하는 애들 때문에 그러는 거면 신경 안 써도 돼. 걔네들 그거 다 너 질투하는 거라니깐."

"…"

"나야말로 항상 너한테 고마운 걸 뭐. 미안하기도 하고."

"왜? 내가 수학 가르쳐줘서?"

"아니. 아, 물론 그것도 그렇지만…"

은우와 이야기를 더 나누고 싶지만, 이제 내 의식은 아쉽게도 꿈에서 깨어나려 하고 있었다.

"그냥 난 너의 존재가 고마워. 우리가 친구가 된 지 이제 몇 달밖에 안 됐지만, 점점 더 그런 마음이 들거든. 항상 더 잘해주고 싶은데 희한하게 너 앞에 있으면 행동이 잘 안 나온다? 아하하. 이거 말하고 보니까 무슨 고백하는 거 같네,"

얼굴에 열이 올랐다. 그는 멋쩍은지 뒤통수를 긁적이며 웃었다.

"아아! 그런 의도로 한 말은 아니니까 절대 부담 갖지 마. 아이고 이거 내 입이 방정이지. 이게!"

야단법석을 떠는 그의 모습을 보면서 나는 무척이나 기분 좋은 미소를 지었다.

VII.

하얀 배경에 금색으로 화려한 무늬가 그려진 천장이 보인다. 곁 시야로 길쭉한 창문과 태양 빛을 받아 붉게 빛나는 커튼, 그리고 그 앞에 놓인 탁자도 보인다.

여긴… 페르마의 집. 내가 머무는 방.

형언하기 어려운, 사무치는 그리움이 가슴을 파고든다. 소리라도 힘껏 지르고 싶은 기분이다.

침대에서 몸을 일으켰다. 옷을 갈아입고 창가로 가 커튼을 확 걷어버렸다. 아침 햇살이 강하게 내 눈에 들어왔다.

이제 이 시대에서 이상한 현상을 겪은 지 2일 차. 내일이면 또다시 페르마는 왜 자신이 준 편지를 멋대로 발송했느냐며 내 방으로 찾아올 테지. 결국 그 행동은 내가 한 행동이 맞았던 거다. 그 후에는… 그녀가 또 내 앞에 나타나려나.

책상 앞으로 걸어가 펜을 들어 종이 위에 이름 세 글자를 적었다.

이은우.

또박또박 정성 들여 쓴 이 이름을 한참 동안 난 우두커니 바라보았다. 그러다 다시 펜을 들고서 그 아래 몇 개의 단어를 더 적어나갔다.

1995년, 앤드루 와일스, 타원 곡선, 모듈러 형식

여기까지 쓰고 주위를 둘러보았다. 역시나. 당연하게도 나타나야 할 그녀는 나타나지 않는다. 틀림없다. 지금 이 세상에 그녀는 없다.

나는 그동안의 내 괴이한 삶의 범인이 그녀라고만 생각했다. 하지만 아니었던 거다. 실상 그녀는 있어도 없어도 상관없는 존재였다. 그녀가 있든지 없든지 나의 세상은 여전하게 흘러간다.

'마치 다른 공리[2]들과 독립적인 별개의 공리였던 것처럼.'

생각이 여기에 이르자 그동안 느껴본 적 없는 상쾌한 전율이 인다.

어쩌면 이 세상도 수학의 세계처럼 어떤 공리계가 존재하는 것은 아닐까. 그러니까 이 세상에 벌어지는 모든 현상의 근본이 되는 몇 가지 공리들이 있고, 그녀의 존재, 가령 '이 세상엔 그녀가 존재한다.'란 공리는 다른 공리들에 영향을 끼치지 않는 별개의 공리라고 한다면?

그렇다면 그런 공리는 '이 세상엔 그녀가 존재하지 않는다.'라고 대체해도 다른 공리들에 전혀 영향을 끼치지 않는다. 예전에 히파티아 선생님께서 원론의 공리를 다른 공리들로 대체하셨듯이. 마치 그녀가 있든 없든 아무 문제 없이 흘러가는 이 세상처럼. 그녀가 없어도 아무런 문제 없던 내가 서연이었을 적 세상처럼.

고개를 들어 창밖을 보았다. 창밖의 세상이 그 전과는 다르게 보인다. 머리도 마음도 무척이나 가벼워짐을 느낀다. 마치 그동안은 있는지도 몰랐던 투명한 벽을 깨고 나오는 기분이다. 그야말로 무엇이든 내가 원하는 건 다 할 수 있을 것만 같은, 그런 자신감.

"샤를롯 선생님. 일어나셨나요?"

문밖에서 페르마의 아내, 루이즈의 목소리가 들렸다.

---

2 공리란 다른 명제를 증명하는 데 전제가 되는 원리로서 가장 기본적인 가정을 가리킨다. 또한 어떤 한 형식체계의 전제로 주어지는 공리들의 집합을 공리계라 한다.
예〉 '1은 자연수이다.' ← 페아노 공리계 공리 1번.

"네."

걸어가 방문을 열어보니 옆에 페르마도 함께였다.

"의원님까지 이 아침에 무슨 일이세요?"

"아, 선생님. 오늘은 우리가 좀 아침 식사를 특별하게 할까 하는데요. 집에서 말고 요 근…처에서. 괜찮으신가 여쭤보려고…"

"네. 전 좋습니다."

난 긍정의 미소를 지었다.

"그, 그럼 외출할 준비 하시고 다 되시면 1층으로 오십시오. 기다리겠습니다."

페르마와 루이즈는 문에서 뒤돌아 걸어갔다.

참, 그러고 보니 어제 잠들기 전에 페르마에게 그 정리 증명을 물어볼 생각을 하며 잠들었었는데. 이따가 식사하면서 가볍게 말을 꺼내 볼까?

… 아니다. 그러면 이 정리 연구로부터 파생되는 그 무수한 미래의 수학 이론들은 발생하지 않을지도 몰라. 지금 시대에는 오히려 미결인 상태가 더 완벽한 정리일지도.

들뜬 기분으로 나는 루이즈가 외출용으로 마련해준, 긴 트레인이 늘어진 스커트를 입고서 방문을 나섰다. 그리고 뒤돌아서 열려있는 방문 쪽으로 오른손을 뻗었다.

문은 우아한 곡선을 그리며 스스로 조용히 닫혔다.

상극

I.

“기분이 좋아 보이시네요. 낮에 무슨 일이 있었나 보죠?”

나는 아까부터 실실 웃으며 서재 앞을 기웃거리는 페르마에게 물었다.

“아아, 네. 네. 하하하. 선생님 공부하시느라 바쁘신 거 아니었나요?”

난 보고 있던 살롱 회지를 덮으며 답했다.

“그러고 계시지 말고 안으로 들어오세요. 무슨 일인가요?”

그는 쭈뼛거리며 방에 들어와 등 뒤로 숨겨놨던 봉투를 보여주었다.

“편지에요?”

“예에. 블레즈 파스칼 님에게서 온 답장입니다.”

“아!”

몇 주 전. 내가 멋대로 발송했던 편지에 대한 파스칼의 답장인 모양이다. 험담이라도 담겨 있는 건 아닌지 순간적으로 걱정이 되었으나, 페르마의 표정을 보면 그런 것 같지는 않다.

"의원님께서 아까부터 웃고 계신 이유가 그 편지 때문인가요?"

"예. 그…래서 선생님께도 보여드리려고 가져왔는데. 드릴…까요?"

"네. 주세요."

난 그가 내민 봉투를 받아 안에서 편지를 꺼냈다. 새어 나오는 듯 배시시 머금은 그의 수줍은 미소가 무척 순수해 보인다.

어제저녁에 받은 피에르 드 페르마 님의 이 편지에 말로 다 할 수 없는 찬사를 보냅니다. 당신이 완벽하게 공정한 해답을 찾아냈다는 걸 차마 부정할 수 없습니다.

보내준 답으로부터 제 나름 연구한 새로운 이론을 적어 보냅니다. 이후로도 우리의 우정이 발전하기를 원합니다.

"이건… 기대 이상의 극찬이네요!"

"그렇죠? 정말 다행입니다. 계속… 마음이 쓰였었는데."

난 두 손을 앞으로 모으고 꼼지락대는 페르마를 올려다보았다. 그날 이후로 페르마는 내게 편지에 대해서 다시 말을 꺼낸 적은 없었다. 난 그가 자연스레 잊은 건 줄 알았다. 하지만 그 또한 어쩌면 나를 배려했던 행동이었을 거란 생각이 든다.

"의원님."

"네, 선생님."

"그때의 일은 다시 한번 진심으로 죄송합니다."

"아, 아휴 아닙니다. 덕분에 이렇게… 파스칼 님과 친분도 이어졌는

걸요. 선생님 아니었으면 저희 인연은 그때 거기서 끝났을… 거고요."

"그래도요."

"에이. 그러지 마세요, 선생님. 진짜로. 덕분에 전 오히려 큰 깨달음을 받았는데요. 결국 진심은… 통한다고."

"네?"

그는 쑥스러운 듯 웃었다.

"제가 성격도 좀 남들보다 소심하고. 직업병…이라고 해야 하나? 사람들 처세도 좀 유난스러운 면이 있습니다. 그런데 이번 편지로 조금은 힘을 얻은 느낌…이네요."

"그렇게 생각해 주신다면 참 감사한 일이지만요."

"아! 그리고 전문 수학자분들도 나랑 같은 사람들이시구나… 라는 생각도 하게 됐지요. 무, 물론 저보다 다들 대단한 학식을 지니셨겠지만 말이지요. 진리를 사랑한다는 측면에서는 조…금은. 하하."

그의 유난스러움에 진심이 느껴져 웃음이 나왔다.

"의원님. 그렇게 서 계시지 말고 여기 앉아서 커피나 한잔하고 가세요. 파스칼 씨가 보낸 이론도 같이 볼 겸."

"아, 그…럴까요? 근데…"

"?"

그는 자기 다리를 주무르며 안절부절못했다.

"퇴근하고 오신 게 아닌가요? 바쁘시면 다음에 얘기하죠."

"그럼 혹시 내일… 이야기해도 될까요? 제가 하필 지금 장례식장에 좀 가봐야 해서…"

"어휴. 그럼요. 제가 괜히 의원님의 시간을 붙잡고 있었네요!"

"아, 아니. 저도 선생님과 수학 이야기하는 게 좋은데, 하필 제가 가서 얼굴이라도 비춰야 하는… 자리라."

"다녀오세요. 저도 그러면 더 많은 이야기를 나눌 수 있도록 공부를 해놓겠습니다."

"예에… 그, 그럼."

그는 머뭇거리다 결국 쭈뼛대며 눈인사를 건네고 방을 나갔다.

문이 닫히는 걸 보고 나는 능력을 써 침대로 자리를 옮겼다. 이제는 이 공간이동도 꽤 익숙해졌다. 아직 얼마만큼의 거리까지 가능할지는 모르지만.

피에르 드 페르마 님의 풀이를 보고 저는 A, B의 승패를 아래와 같이 순서대로 열거하여 답을 정당화해 보았습니다. 이미 일곱 번의 게임을 치러 A와 B가 각각 4점과 3점을 획득한 상황임을 가정하며, 실제로 일어나지 않는 상황은 빗금을 표시했습니다.

	여덟 번째 승자	아홉 번째 승자	최종 결과
상황1	A	~~A~~	A 승리
상황2	A	~~B~~	
상황3	B	A	
상황4	B	B	B 승리

그런데 페르마 님. 저는 AA, AB, BA, BB의 나열에서 흥미로운 발상을 했습니다. 바로 A와 B의 합에 대한 제곱 식과의 연관성입니다.

$$(A+B)^2 = AA+AB+BA+BB$$

물론 이 전개식은 다음과 같이 표현할 수 있습니다.

$$(A+B)^2 = 1A^2+2AB+1B^2$$

그럼, 이 분배 문제의 답은 무엇인가? 우변 앞에서 두 항의 계수의 합이 바로 A의 정당한 분배 몫, 마지막 항의 계수가 B의 정당한 분배 몫이라 해석할 수 있습니다.

$$\underbrace{1A^2+2AB}_{\text{A의 몫}}+\underbrace{1B^2}_{\text{B의 몫}}$$

나는 전율을 느꼈다. 이건… 이항정리[1]이다! 설마 내가 지금 이항정리의 발견 현장을 보고 있는 걸까?!

이 연관성에 흥미를 느끼신다면 그 흥미를 한층 더 키워드리겠습니다. 우선 A와 B의 합에 대한 세제곱 식을 살펴봅시다.

---

1 149쪽 참고.

$$(A+B)^3 = 1A^3+3A^2B+3AB^2+1B^3$$

무엇이 느껴집니까? 이 식은 만약 남은 게임 수가 최대 세 번이었을 때 A의 정당한 분배 몫이 7, B의 몫이 1이었음을 알려주는 식입니다. 즉, 먼저 5승이 아니라 6승을 거둔 사람이 돈을 갖는 게임인 상황이죠. 자세한 서술은 페르마 님의 불필요한 피로만 누적시킬 것이므로 생략했습니다.

이를 다음과 같이 일반화할 수도 있겠죠.

남아 있는 최대 게임 수

$$(A+B)^n = \underbrace{1A^n + \cdots}_{A\text{의 몫}} + \underbrace{1B^n}_{B\text{의 몫}}$$

그럼, 이제 관건은 A의 몫인 계수들의 합을 어떻게 알 수 있느냐는 점일 겁니다. 이에 대해서는 옛 송나라의 수학자 양휘의 이론을 아래와 같이 그림으로 요약하니 참고 바랍니다.

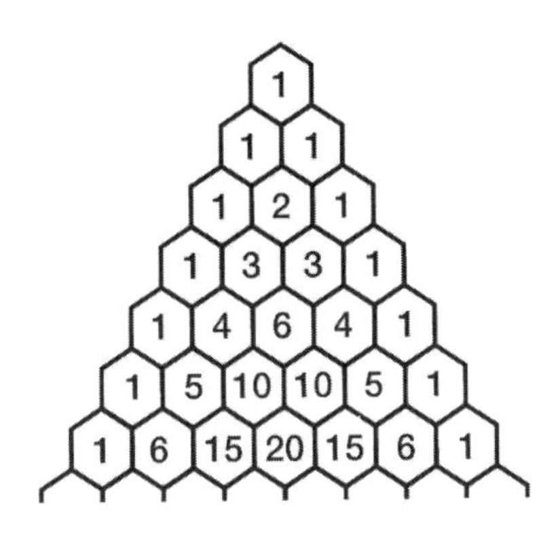

파스칼의 삼각형[2]까지…!

입이 다물어지지 않는다. 이쯤 되면 오히려 내가 페르마의 편지를 몰래 발송했던 게 아주 잘한 일인지도 모르겠다. 페르마의 답으로부터 이항정리와 파스칼 삼각형까지 연관시킨 파스칼의 시도도 몹시 놀랍고.

오른손을 뻗어 책상 위에 놓여있던 펜을 불러온 나는 파스칼의 그림에 다음과 같이 내가 알고 있는 내용을 덧댔다.

2 파스칼의 삼각형은 수학에서 이항계수를 삼각형 모양으로 배열한 것이다. 149쪽 참고.

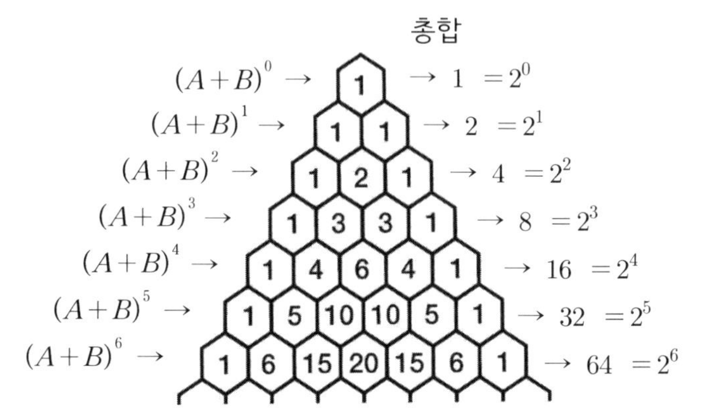

「마찬가지로, $(A+B)^n$ 전개식의 모든 계수 합은 2^n이다.」

Ⅱ.

'그런데 원래 스테인드글라스로 창이 되어있던가? 어쩐지 어색하네.'

난 지금 파리의 노트르담 대성당[3]에 와 있다. 페르마의 집에서 무작정 파리 방향으로 몇 차례의 공간 이동을 해 보았는데, 한눈에 봐도 익숙한 건축물이기에 이동을 멈추고 잠시 감상을 하는 중이다.

3 프랑스 파리 시테섬 동쪽 반쪽에 있는 성당으로 14세기에 완공된 이후 지금도 로마 가톨릭교회의 교회 건물로서 파리 대주교좌 성당으로 사용되고 있다. 에펠 탑, 루브르 박물관, 앵발리드 등과 함께 유네스코 세계유산으로 등재되어 있다.

거대하게 위로 솟은 대칭형의 정면 입구는 분명히 위압적이다. 하지만 막상 그 이상의 감동이 느껴지진 않는다. 역시 난 여행 체질이 아닌가 보다.

안으로 들어갈까 잠시 고민하다 성당 입구 우측에 있는 석상에 가기대고 바닥에 앉았다. 그렇게 하나둘 돌아다니는 사람들을 구경하다 보니 눈이 제법 많이 마주친다. 그러고 보면 사람들에게는 반대로 지금의 내 모습이 구경거리겠구나 싶다.

하늘을 올려다보니 구름 한 점 없이 맑다. 마치 지금의 내 마음 상태를 보여주는 듯하다. 아무것도 없는 느낌. 그야말로 아무것도…

샤를롯으로 삶이 덧씌워진 지도 어느덧 꽤 오랜 시간이 흘렀다. 직감적으로 이제 떠날 시간이 얼마 남지 않았음도 느낀다.

이제는 내가 이 세상에서 할 수 있는 초월적인 능력의 정체도 어느 정도 파악했다. 처음에는 나 역시 그녀처럼 이 세상을 구성하는 공리들과 독립적인 공리를 갖게 된 줄 알았으나, 그보다는 이 세상의 공리계를 포함하는 일반화된 공리계가 내게 적용되었다고 보는 편이 더 적절할 듯하다. 원하는 장소로 이동하는 것도, 물체를 원하는 대로 움직일 수 있는 것도, 하늘을 날 수 있는 것도 그 전의 상식에선 불가능한 일로 보였지만 지금의 내게는 당연한 듯이 자연스럽기 때문이다.

비유하자면 마치 그 전의 삶이 1차원 선에서의 삶이었다면, 이번 삶에서 모종의 사건들을 겪으며 2차원의 삶을 살게 된 느낌이라고 해야 할까. 수직선에서는 1에서 2로 가기 위해 직선 이동을 할 수밖에 없으나 평면에서는 곡선 이동도 가능하다. 그 곡선 이동의 결과가 수직선에서 관측하면 마치 공간이동을 한 것처럼 불연속적인 움직임으로 보이지만, 사실 평면에서는 지극히 자연스러운 연속적 움직임일 뿐이다.

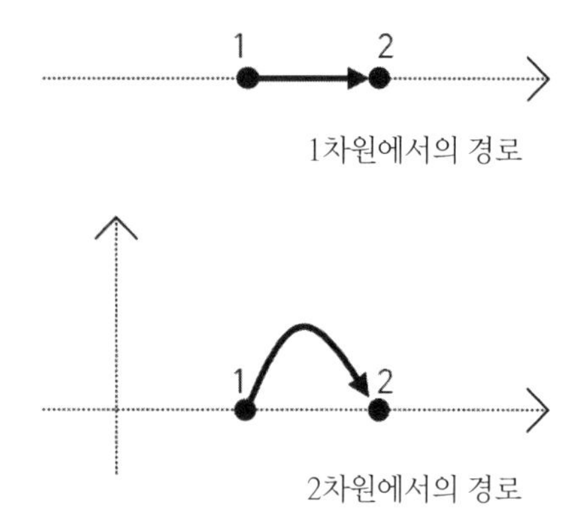

1차원에서의 경로

2차원에서의 경로

그나저나 그녀는 언제 다시 나타나려는 걸까? 이틀간의 페르마 편지 사건 직후, 원래의 내 시간으로 복귀한 때부터는 다시 그녀의 존재가 느껴졌는데 말이다. 사피야였던 내가 자살을 시도했을 때 예상했던 대로 그녀가 내 앞에 나타났던 것처럼, 이 정도의 기행을 하고 돌아다닌다면 분명히 내 앞에 나타날 거라 예상했지만 그녀는 이상하리만치 감감무소식이다. 이제 나의 행동은 그녀의 관심 대상이 아닌 걸까? 그럴 리가…

자리에서 일어났다. 예상과 다른 결과에 기분이 영 미덥지 않지만, 여기서 딱히 더 할 게 있는 것도 아니니 인제 그만 돌아가야겠어.

광장의 사람들 눈을 피해서 성당 안으로 들어와 구석에 몸을 피했다. 그리고 머릿속에 페르마의 모습을 떠올렸다. 이제 그 주변으로 가겠다고 생각하면.

어?

무언가에 턱 막힌 것처럼 이동이 되지 않았다. 이건 십중팔구 내가 이동하려는 그 근처에 페르마 외의 사람이 있다는 의미이다.

이번엔 루이즈를 떠올리고서 다시 한번 이동을 시도했다.

“선생님! 여기 계셨네요! 기척이라도 좀 주시지!”

페르마의 집 서재로 온 내 등 뒤에서 곧바로 문이 열리며 루이즈의 큰 목소리가 들려 깜짝 놀랐다.

“아, 네. 저를 찾으셨나요?”

“제가 방금까지 부르던 소리 못 들으셨어요? 여기 계셨으면 들리셨을 텐데!”

“미안해요. 제가 딴생각을 좀 하느라.”

“이거 완전~ 제 남편이 누구한테 배웠나 했더니, 다 선생님한테 배웠던 거네요? 호호호. 그이도 뭔가 집중하면 선생님처럼 주위에서 난리가 나도 세상 모르거든요.”

“후훗. 네… 그런데 어쩐 일로?”

“아! 선생님 지금 바쁘신 거 아니면 얼른 집무실에 좀 모셔오라고 남편이 하인을 보내서 부탁했어요.”

“집무실로요?”

“예. 아주 귀한 손님이 오셨다나 뭐라나. 르네 데카르트라는 사람이라던데?”

“네!?”

르네 데카르트[4]? 설마 내가 아는 그 수학자를 말하는 건가!?

"어머. 놀라시는 거 보니까 선생님도 아시는 분인가 보네요? 예. 그 분이 남편 일하는 곳으로 찾아왔다더라고요. 수학자인가 보죠?"

"네. 제가 아는 그 데카르트가 맞는다면."

"그럼 얼른 가보세요. 어쩌면 선생님의 기억을 되찾아 줄 분일지도 모르잖아요?"

Ⅲ.

페르마의 집무실이 있는 복도엔 무척 고품질의 원두를 썼는지 향긋한 커피 내음이 가득 퍼져 있었다.

"의원님. 샤를롯 님이 오셨습니다."

문가 자리에 앉아있던 비서가 나를 보고 가볍게 묵례를 한 후 페르마에게 알렸다.

"오오, 어, 어서 들어오시죠, 선생님."

안에 들어서니 서쪽으로 난 커다란 창가 앞의 원탁에 페르마와 한 사내가 마주 보고 앉아있었다. 저 사람이 그 데카르트인가!

---

4 대중엔 '나는 생각한다. 고로 존재한다.'라는 명언으로도 잘 알려진 르네 데카르트(1596~1650)는 페르마와 더불어 17세기 초 최고의 수학자 중 한 명으로 꼽히는 인물이다.

"인사… 나누시죠. 이쪽은 아마 선생님께서도 잘 아실 겁니다. 둘도 없는 수학자이시죠. 르네 데카르트 님입니다. 그리고 계속 말씀드린 그 샤를롯 선생님이십니다."

"반갑습니다. 데카르트 님. 이렇게 뵙게 돼 영광입니다."

"저야말로. 생각했던 것보다 훨씬 더 미인이시네. 핫핫."

위대한 수학자이자 철학자이기에 난 데카르트가 무척 신사적인 모습일 것으로 예상했으나, 기대와 달리 어쩐지 위압적인 분위기를 풍기는 사내였다. 나는 페르마의 안내에 따라 준비된 자리에 앉았다. 셋의 위치는 원탁을 기준으로 정삼각형 형태를 그렸다.

이내 비서가 내 몫의 커피와 과자를 가져왔다. 너무나 향긋한 냄새에 이끌려 나는 한입 가득 커피를 머금고 삼켰다.

"샤를롯… 님이시라고. 거 대단하십니다. 어째 이런 훌륭한 제자를 키웠답니까?"

"네?"

아무리 저명한 사람이라고 한들 귀족인 페르마를 지칭하며 '이런'이라니. 겁이 없는 건가?

"뭔가 오해가 있으신 모양이네요. 과거에 제가 의원님께 수학을 잠깐 알려드린 적이 있는 건 사실이지만, 이후엔 스스로 노력하셔서 지금의 경지에 이르신 겁니다. 이를 다 제 공로로 돌리시는 건 과합니다."

"어쨌든. 페르마 씨는 수학 스승이 그쪽밖에 없다시던데."

데카르트 이 사람. 일부러 저러는 건지 원래 그런 건지 발언이 상당히 공격적이다. 페르마 역시 그런 그의 분위기에 아까부터 눈치를 보고 있다.

“나이도 어려 보이는 분이 수학을 어째 그리하셨을까. 샤를롯 님의 스승은 누구요?”

“마랭 메르센 신부님입니다만.”

“말고는?”

“…”

“나도 신부님이야 잘 알지만, 그분이 수학을 체계적으로 가르치셨다고요? 잘 안 그려지는데. 워낙 바쁜 사람이기도 하고. 수준도… 큭큭.”

순간 속에서 열이 올라왔다. 아무리 해도 이건 무례의 정도가 지나치다. 데카르트 역시 그런 내 마음을 표정에서 읽은 건지, 돌연 어색한 미소와 함께 두 손을 펴 보이며 너스레를 떨었다.

“그분이 워낙에 이리저리 연구하는 분이란 건 샤를롯 님도 잘 알잖습니까. 그리고 미리 말해두지만, 난 그쪽이 여자라고 무시하는 몰상식한 사람도 아닙니다. 내게도 선생만 한 여제자가 있거든. 엘리자베스라고. 프리드리히 폐하의 장녀인데 아시려나 모르겠네.”

왕녀 엘리자베스…!? 그거였나. 마치 페르마를 하대하는 듯한 저 태도의 근원이. 그런데 이제는 덩달아 나까지 마치 자신의 제자뻘로 대하는 것 같아 기분이 몹시 불쾌하다.

“그렇게 치면 제가 알기로 데카르트 님도 수학 연구만 하시는 건 아니지 않나요?”

난 그에게 쏘듯이 되물었다. 하지만 그는 내 말에 코웃음을 치며 답했다.

"나는 다르지요! 그 사람이 신학이나 히브리어 따위 공부할 때도. 아니. 훨씬 그 이전부터도 나는 수학을 공부했으니까. 라플레슈대학에서 말이지. 샤를롯 님은 내가 여태까지 낸 수학책이 몇 권이나 되는지 압니까?"

일그러진 웃음을 지으며 그는 날 노려보았다. 이건 흡사 내게 싸우자는 태도다.

"저기… 진정하시죠, 선생님들. 그런데 데카르트 님께서 이 먼 시골까지 귀한 발걸음을 오신 이유가… 뭔지요?"

시기적절하게 페르마가 우리 사이에 끼었다.

데카르트는 나를 보던 눈의 힘을 그대로 몇 초간 더 풀지 않다가, 이내 자세를 풀고 의자 등받이에 기대앉으며 페르마에게 답했다.

"확인할 게 있어서 왔습니다. 뭐 나도 살롱 사람이니 명성 자자한 우리 페르마 님 얼굴도 한번 볼까 했고."

"확인이라고요? 어떤 걸 말이죠?"

"페르마 씨는 방정식과… 도형의 관계를 잘 아시나?"

다리 한쪽을 꼬고 건들건들한 자세로 묻는 데카르트. 페르마의 눈이 순간 커졌다. 하지만 그는 당황하지 않고 침착하게 답했다.

"방정식과 도형이라면 서로 많은… 관계가 있죠."

"호, 그래요? 예를 들면?"

"으음. 뭐 방정식은 사실 도형이라고 저…는 생각하거든요. 하하하."

"방정식이 도형이라… 도형이 방정식인 게 아니고?"

"…"

데카르트의 부정적인 첫인상과 무관하게, 몹시 흥미로운 대화가 오가고 있다. 수식으로 이루어지는 방정식, 그림으로 이루어지는 도형의 연관성은 실제로 페르마와 데카르트에 의해서 부각이 되었고, 그로부터 해석기하학이라 불리는 수학 분야가 창시되었다고 어렴풋이 보았던 기억이 있다.

이 둘이 오늘 초면이라면 내 생각에 이 만남과 대화는 어쩌면 바로 그 해석기하학의 태동을 알리는 역사적인 순간인 걸지도 모른다!

"종이 좀 씁시다."

데카르트의 말에 페르마는 비서를 불러 펜과 종이를 가져오게 했다.

"명색이 그래도 지방의 의원이신데 사무실이 너무 검소한 거 아니요? 거 종이 쓰기도 미안해지게시리."

"아하하. 제가 일할 때는 주위가 어수선한 걸 싫어해서요. 안 그래도 그런… 말씀 종종 듣습니다."

데카르트는 페르마의 말을 흘려들으며 종이 위에 원 하나를 그려 페르마에게 내밀었다.

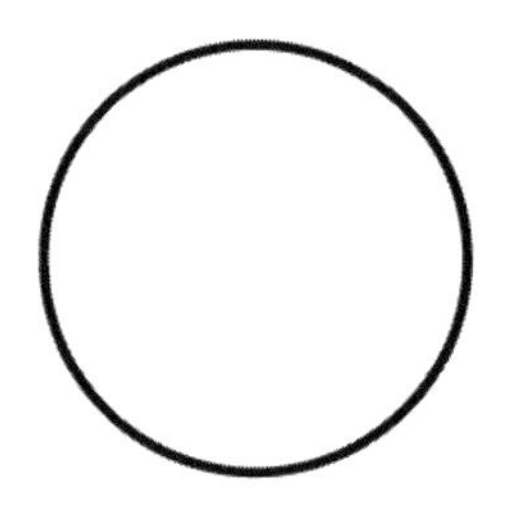

"이걸 방정식으로 표현해 보시오."

종이 위에 던지듯이 펜을 내려놓은 데카르트는 그대로 등받이에 몸을 기댔다.

나는 숨죽이고 페르마가 어떻게 행동할지 지켜보았다. 이윽고 그는 펜을 집더니 원 아래에 선 하나를 그었다.

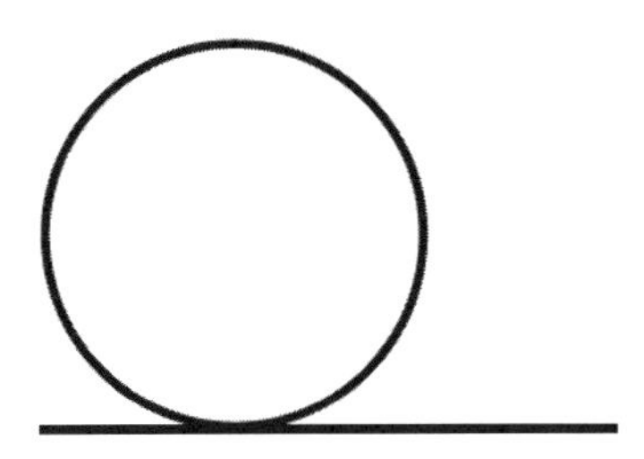

그대로 뭔가를 더 그리려다 말고 페르마는 데카르트에게 물었다.

"설명을… 하면서 할까요? 아니면 다 하고 나서 설명을 해드리는 게 나을까요?"

"상관 말고 해보시오."

페르마는 다시 고개를 숙이고 그림 그리기를 이어나갔다.

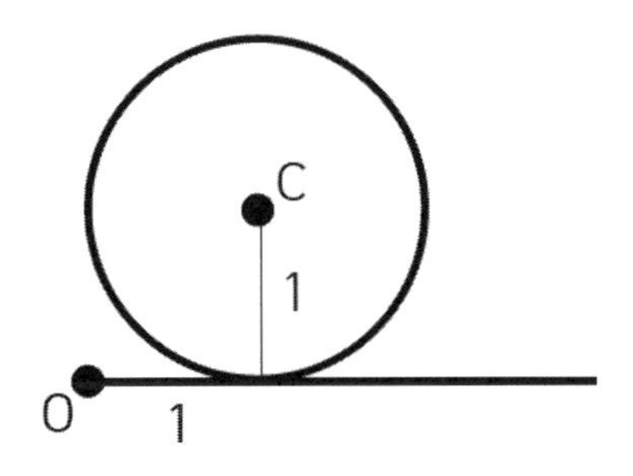

"그리신 원을 방정식으로 표현할 준비는 끝났습니다. 이제 한 줄이면 됩니다."

"… 해보시오."

페르마는 그림 아래에 방정식 한 줄을 적고 펜을 종이 위에 내려놓았다.

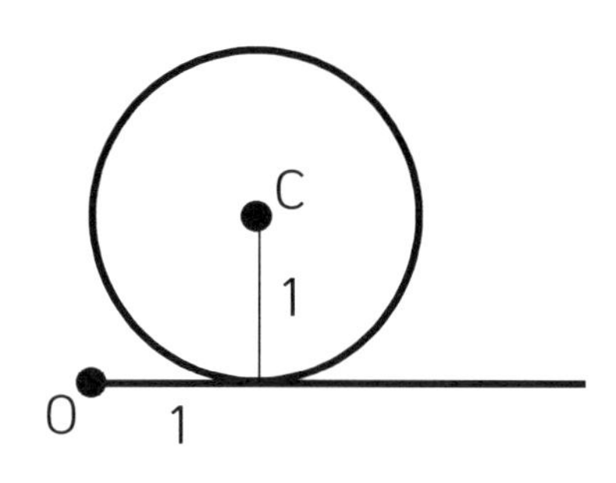

$$\sqrt{(X_1-C_1)^2+(X_2-C_2)^2}=1$$

곧바로 페르마가 쓴 식의 의미가 파악된 나는 흐뭇한 미소를 지었다. 하지만 데카르트는 왼손으로 턱 아래를 만지작거리며 불편한 표정이었다.

"X는 뭐고 C는 뭡니까? O는 뭐고."

"그럼, 이제 설명을 해볼까요?"

"물은 거에나 답하시죠. 대충 뭔지는 알 거 같으니까."

"아, 아… 네. 죄송합니다."

페르마는 한쪽 입술을 깨물며 날 보았다. 자신이 방금 실수한 게 아니냐는 눈치 같아 나는 그냥 미소로 답했다.

"제가 O라고 표시한 건 여기를 시작점(Origin)으로 삼을 거라 그런 거고요. C는 이 원의 정중앙(Center)입니다. 그리고 X는 원의 둘레에 위치하는 아무 점을 의미합니다."

"왜 하필 X요? 페르마 님 논리대로라면 원(Circle)의 C라 안 하고."

"그러면 정중앙이랑 헷갈리니까요… X는 거의 쓰지 않는 문자라서 이렇게… 여차하면 쓰기 좋습니다. 하하."

"C_1과 C_2 이런 식으로 1과 2를 붙인 건 설마 가로와 세로를 구분한 겁니까?"

"예, 역시 데카르트 님이시네요! 그게 제가 생각하는 핵심인데 곧, 곧바로 알아보시네요!"

"언제부터요? 그 생각을 한 게."

"예?"

"점의 위치를 가로 세로로 나누는 생각을 언제부터 한 거냐고."

"아마 꽤… 됐죠?"

"이와 관련해서 책 내신 건?"

"어유. 없습니다. 저따위가 무슨… 책을."

"왜요? 뭐 켕기는 거라도 있으신가?"

"그런 게 아니라. 저는 원래 그런 욕심은 없습니다. 책은 데카르트 님 같은 전문… 수학자분들의 몫이죠. 저 같은 사람은… 그저 즐기는 걸로 감사하고요."

"그래요? 큭큭. 그럼, 제 이름으로 이 이론을 출판해도 되겠습니까?

나중에 다른 말 하지 말고 그냥 지금 속 시원하게 얘기합시다."

"아아 네. 저를 신경 쓰시지 말고 얼마든지 하셔도 상관은 없는데… 근데 이게 그리 대, 대단한 겁니까?"

"대단한 거냐고? 나 참. 페르마 씨는 자신이 발명한 이론의 가치도 모르시나 보네. 아니면 혹시 지금 나를 기만하는 거요?"

"발명이라고요? 이게요? 굳이 말하자면 응용…에 가까운 게 아닌가요?"

데카르트의 왼쪽 눈썹이 크게 움찔거렸다.

"응용이라니? 그게 무슨 소립니까?"

"그야. 데카르트 님이 더 잘 아실 테지만… 이건 그저 니콜 오렘[5]의 이론을 적용한 거니까요."

"니콜 오렘? 샤를 5세 때 사람?"

"예. 물론 잘 아시겠지만… 니콜 오렘의 책에 시간과 속력을 가로선과 세로선으로 표현한 게 있지 않습니까?"

"에이, 그거랑 이거랑은 다르지요!"

"그…런데 저는 그 책을 공부하다가 떠올린 생각이라서요."

"거짓말! 니콜 오렘 책을 공부하다가 기하학을 떠올렸다고요? 그걸 믿으라고?"

"예… 그럼 데카르트 님께서는 어떻게… 이 생각을 하게 되신 건가

---

5 니콜 오렘(또는 니콜라스 오렘. 1320-1382)은 프랑스의 성직자이자 수학자, 물리학자이다.

요?”

니콜 오렘의 시간 속력 이론이라면 아마 연속적으로 운동하는 물체의 이동 거리를 분석하는 내용을 말하는 걸 거다. 생각해 보면 그 내용에 좌표평면과 비슷한 아이디어가 있긴 하다.

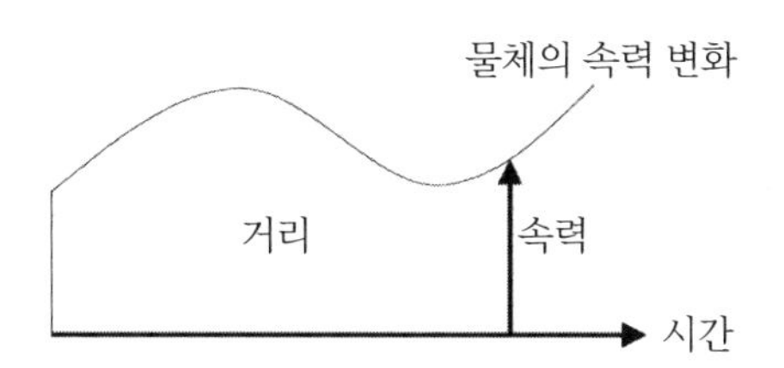

예를 들어 등가속운동을 하는 물체가 2초 때 속력이 1이었다면, 그 때까지 이동한 거리는 다음과 같이 삼각형 면적인 1이라는 내용이다.

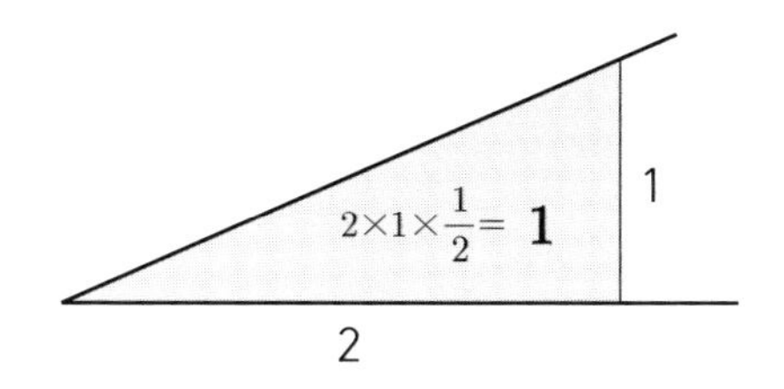

하지만 니콜 오렘은 어디까지나 물체의 이동 거리, 즉, 아래 면적을 구하는 게 목적이었기 때문에 이를 바탕으로 도형의 모양을 방정식으로 분석한다는 논의까지 연결 짓기에는 무리가 있다.

다만 페르마 특유의 그 이론을 곱씹어 공부하는 깊이와 발상의 자유로움을 고려한다면 충분히 가능한 연계라는 생각도 든다.

"나는 천장에 붙은 파리를 보고 스스로 떠올린 거요!"

"천장에 붙은 파리…요?"

"거슬리게 날아다니는 파리 놈을 보다가 생각했지. 간호사한테 저 녀석을 잡아달라고 하려면 위치를 어떻게 말해야 할까."

"아아. 그냥 잡아달라고 하면… 되지 않나요?"

"있다가 금방 사라지고 또 딴 데 가서 붙다가 오고 그랬거든. 고 녀석이."

"아…"

"그래서 천장 모서리를 기준으로 가로와 세로 길이를 말하면 된다는 생각을 떠올렸고, 그러다 파리 녀석이 움직이는 곡선을 또 표현할 생각을 했고. 그렇게 방정식까지 떠올리게 된 거고."

"와… 재밌네요!"

"큭큭. 그치요? 재밌지요? 근데 페르마 씨가 내 재미를 다 죽여버렸는걸."

"예? 제가요? 왜…요?"

"몰라서 묻는 겁니까? 당신이 먼저 만든 이론이라고 메르센 신부가 내 출간을 반대했소! 그런데 뭐? 막상 본인은 출간할 의지도 없고, 이게 니콜 오렘의 이론이다? 장난하는 것도 아니고!"

"메르센 신부님께서 그런 말씀을 하셨다고요? 어떻게… 아! 그러고 보니 예전에 재미로 쓴 논문을 신부님한테 보여드린 적이 있긴 했었구나…"

“재미로 쓴? 푸하하하!”

데카르트는 대놓고 비속어를 섞어가며 혼잣말을 중얼거렸고, 페르마는 어찌할 줄 몰라 안절부절못했다. 나 역시 괜히 끼어들 상황은 아닌 것 같아 그저 상황을 지켜보는 수밖에 없었다.

그리고 한동안 원탁에는 불편한 침묵이 깔렸다. 나와 페르마를 번갈아 노려보며 한참 무게를 잡던 데카르트는 돌연 자신이 가져온 가방을 열었다. 그리고 안에서 어떤 서류를 꺼내 탁자 위에 올려놓고 페르마에게 들이밀었다.

“서명해 주시죠.”

자신의 앞에 놓인 서류를 페르마는 눈을 끔벅이며 쳐다보았다.

“뭡니까? 데카르트 님.”

“거 보면 모릅니까? 동의서지요. 방금 이론의 출판에 대한.”

“아… 이게 서명까지 필요한… 건가요?”

“물론이지. 거 나중에 딴소리하고 소송이라도 걸면 어떡합니까? 듣자 하니 페르마 씨 법학 전공이시라고?”

“하하. 제가 그런데 직업병이 좀 있어서 말이죠. 서명하고 이런 걸 워낙 조심하는 편이라서.”

“충분히 살펴보고 내일까지 서명해 주시오. 피차 깔끔한 게 좋잖습니까? 뭐 불만 있는 내용 있으시면 체크도 해두시고. 여기 놓고 갔다가 내일 오후에 다시 올 테니까.”

“아… 예…”

데카르트는 자신의 가방을 챙겨 자리에서 일어났다. 그리고는 귀족에 대한 예의상 페르마에게 고개 숙여 인사를 건넨 뒤 그대로 방에서 뚜벅뚜벅 걸어 나갔다.

한참의 정적이 흐른다.

페르마를 토닥여 주고 싶은 마음이랄까. 내가 먼저 무거운 침묵 속에 입을 열었다.

"마치 폭풍이 지나간 거 같네요. 의원님 괜찮으십니까?"

"… 그러게요. 하하. 아무래도 선생님은 이 자리에 모시지 말걸 그랬습니다. 많이… 놀라셨겠어요."

"아뇨. 저는 재밌었습니다. 데카르트가 어떤 사람인지 실제로 본 건 처음이라서요."

"아… 저는 혹시 아실지도 모른다 생각해서 모신 거였는데. 그야말로 판단 실수를 했네요."

"후훗. 정말 괜찮대도요. 그런데 의원님께서 너무 저자세로 그를 대하신 게 아닌지. 전 오히려 그게 더 신경 쓰이네요."

"아, 아닙니다. 데카르트 님 집안은 그야말로 대단한 가문이거든요. 법관 귀족 가문인 데다 데카르트 님의 아버님은 시의회 고문이십니다."

"… 그렇군요."

"왕가와도 친밀한 집안입니다. 아까도 잠깐… 얘기가 나왔지만, 무려 왕녀께서 데카르트 님의 개인지도를 받고 계시니까요."

"태도가 안하무인일 만하네요."

"아마도 그건 제… 생각에는 두 가지 이유 때문일 겁니다. 하나는 데카르트 님이 군대를 다녀오신 건데. 그래서 우리 일반 사람들이 느끼기에는 빡빡하게 느껴질 수도 있죠. 그래도 소문에는 배포도 크시고 주변 사람들에게도 잘 베푸시는 호남이라고…"

"그건 좋은 면이지 않나요?"

"그, 그래서 제가 생각하는 아까 그 모습의 이유는… 바로 저 때문입니다. 아마도 저를 아니꼽게 여기시는 게 아닐까 하는 강한 확신이 드네요."

페르마는 옆머리를 긁적이며 씁쓸하게 웃었다.

"의원님. 왜 그렇게 생각하시나요? 제가 보기에는 의원님께서 데카르트 님께 실수한 건 없어 보였습니다. 오히려 그 반대에요."

"그, 글쎄요. 그랬다면 다행이지만 사람은 다 보는 것도 다르고 느끼는 거도 다르잖습니까. 그거 말고는… 뭐. 복합적일 수 있겠죠."

지나치게 착한 건지 답답한 건지. 어떻게 이런 성격으로 의원에 귀족까지 되었을까 싶다. 이것도 복합적인 걸까. 다들 흑사병으로 사망해서 지방에 공석이 많아지다 보니 운 좋게 의원으로 출세한 거라는 루이즈의 농담이 어쩐지 진실처럼 느껴지기도 한다.

"저 계약서는 어떡하실 건가요?"

"저녁에 검토해 봐야지요. 하아… 이래서 제가 살롱 모임에도 안 나가는 건데…"

"차라리 이참에 제대로 책을 내보실 생각은 없나요?"

"그랬다가는 오늘 같은 일이 엄청나게 많아지겠죠? 아뇨. 저는 죽어도 싫습니다."

페르마는 아까의 대화로 기력이 다 빠져버린 건지, 맥없는 손으로 허공을 가로저었다.

안타깝다. 페르마가 만약 진심으로 수학에 전력한다면 그야말로 대단할 텐데. 그동안 데카르트 같은 수학자들이 그 가능성을 차단해 버린 건 아니었을까.

아무래도 이따가 직접 데카르트를 만나봐야겠어.

IV.

데카르트를 떠올리며 그의 주변으로 공간 이동을 시도한 나는 어떤 여관에 오게 되었다. 손님이 거의 없는 모양인지 몹시 조용하다.

1층에 내려가니 여관 주인이 나를 보고 깜짝 놀란다. 그 호들갑에 덩달아 나까지 살짝 놀라버렸다.

“말씀 좀 여쭐게요. 혹시 이 여관에 르네 데카르트란 분이 있습니까?”

“있다마다요. 그러는 손님은 누구시고 왜 거기서 내려오시죠?”

“놀라게 해드려서 죄송합니다. 전 그저 데카르트 님을 만나기 위해 왔을 뿐입니다. 실례가 안 된다면 데카르트 씨에게 저의 방문을 알려주시지 않겠습니까? 샤를롯이라고 하면 알 겁니다.”

“… 그냥 2층에 가서 직접 부르시면 되는데. 지금 여관에 있는 손님은 그분 하나뿐이니까요. 오늘 이 건물 전체를 대여하셨습니다. 그분이.”

“건물 전체를요?”

“그래서 아까 뒷문까지 걸어 잠가놨는데. 대체 손님은 어디로 들어온 겁니까? 제가 손님 들어오는 걸 본 적이 없는데?”

“아…”

말문이 막힌 난 어쩔 수 없이 손을 뻗어 그를 잠재워 버렸다. 이런 식으로까지 능력을 쓰고 싶진 않았는데. 앞으로는 이동할 때 좀 더 각별한 주의를 해야겠다.

그나저나 건물을 통째로 빌렸다니. 통 큰 부자란 점도 재밌는 요소지만 정말 어지간히도 깐깐한 성격의 소유자인 모양이다. 데카르트는.

다시 2층에 올라온 나는 문 하나하나 두드리며 그를 찾았다. 마침내 세 번째 방문을 두드렸을 때, 그 옆의 방에서 데카르트의 목소리가 들려왔다.

“나 여깄으니 들어오시오.”

목소리가 들린 방문 앞으로 가 심호흡을 한 번 했다. 그리고 차분히 문을 열었다. 그런데 그 순간. 문이 뒤로 확 젖히며 서슬 퍼런 칼날이 내 목 앞에 들어왔다.

내게 칼을 겨눈 사람은 데카르트였다. 그는 나의 얼굴을 보더니 두 눈이 휘둥그레 커졌다.

“샤를롯… 선생?!”

“네. 맞습니다. 칼 좀 내려주세요.”

“나의 뒤를 밟은 거요? 목적이 뭐지?”

"그저 데카르트 님과 대화를 좀 나누러 온 겁니다."

"대화? 대화를 나누겠다는 사람이 몰래 뒤를 밟아? 웃기는 소리 하지 말고 목적을 말하시오. 베어버리기 전에."

그는 쥐고 있는 칼에 더 힘을 주며 눈을 부라렸다. 진짜로 벨 기세다. 그 모습에 어쩐지 나는 웃음이 나왔다.

"여자한테 힘자랑이라도 하고 싶은 건가요? 그렇다면 차라리 정식으로 결투를 신청하시죠. 받아들일 의향도 있으니까요."

"뭐?!"

"아니라면 칼을 거두세요. 데카르트 님은 진짜로 제 모습이 위협을 가하기 위해 온 모습이라 보이시나요?"

"..."

그는 잠시 망설이다 결국 칼을 물렸다. 한눈에 보아도 무척 잘 연마된 칼이었다.

"내일 내가 찾아간다고 했을 텐데. 굳이 이런 식으로 날 찾아온 이유가 뭐요?"

"피에르 의원님이 옆에 계시면 하기 껄끄러운 대화 주제일 것 같아서 말이죠."

"… 그게 뭔데?"

"그전에."

난 방 안을 눈짓으로 한번 훑어보고서 물었다.

"앉아서 얘기하면 안 될까요?"

그는 몇 초간 내 눈을 응시하다 몸을 틀어 길을 터주었다. 난 방구석에 있던 의자를 끌어와 책상 옆에 두고 앉았다. 그도 책상 앞 의자를 내 쪽으로 돌려놓고서 마주 앉았다.

"근데 참 대담하시네. 사내들도 목에 칼이 들어오면 대개 벌벌 떠는데. 큭큭. 선생 같은 사람 개인적으로 처음이오."

"그래요? 그동안 겁쟁이들만 상대해 왔던 건 아니고요?"

그의 턱 근육이 한번 크게 움찔거렸다. 하지만 피식 웃어넘기더니 몸을 뒤로 기대앉았다.

"용건이나 들어봅시다. 날 보러 온 이유가 뭡니까?"

"그쪽이 꽤 과격한 사내인 건 알겠어요. 하지만 아까 의원님께 보여준 모습은 그걸 넘어서 적대감까지 느껴지더군요. 왜 그러셨던 겁니까? 피에르 님은 데카르트 님을 높이 존중하시는데 말입니다."

"높이 존중? 얕보는 게 아니라?"

"네?"

얕본다니. 아까의 만남 어디에서 대체 그런 느낌을 받은 거지?

"무슨 말씀인지 모르겠네요. 왜 의원님이 데카르트 님을 얕본다 생각하시나요?"

"샤를롯 님이야말로 진짜로 몰라서 내게 묻는 겁니까? 살롱 사람들이 다 얘기하는 건데?"

"… 정말로 몰라서 묻는 겁니다. 제가 아는 피에르 님은 남을 함부로 얕잡는 분이 아닙니다. 오히려 그 반대죠. 특히 데카르트 님 같은 수학자들에게는 더욱 더요."

"핫하하! 물론 겉으로 드러내는 모습은 그렇지. 하지만 그런다고 그

시커먼 속까지 감춰지는 건 아니지 않소? 아까 나한테도 그러는 걸 선생도 옆에서 봤지 않습니까? 내가 개발한 이론을 무슨 발표할 가치도 없는 하찮은 것 따위로 폄하하는 걸!"

"네?"

"그러면서 자신에게 이런 건 그저 재미에 불과하다고 아주 내 신경을 제대로 긁어놨지. 선생은 그게 수학을 진지하게 업으로 삼는 나 같은 사람한테 해도 될 말이라 봅니까?"

그 페르마의 말을 이렇게까지 곡해할 수가 있다니… 정말이지 사람마다 보는 것도 다르고 느끼는 거도 다르구나. 새삼 놀라울 정도다.

"샤를롯 님이야 자기 제자고, 또 옆에서 계속 보니까 그가 하는 말이 다 예뻐 보일 수는 있는데. 어지간히 사람 신경 긁는 소리 잘한다고 이미 살롱에도 소문 다 난 거, 아마 선생과 페르마 본인만 모르나 봅니다. 그중에 몇몇은 나한테 찾아오기까지 했지요. 잘난 척 으스대는 페르마씨 코를 좀 한번 납작하게 눌러 달라고요. 그가 하는 요상한 질문에 쓸데없이 곤욕을 치룬 수학자가 그동안 한둘이 아닙니다. 그래 놓고는 맨날 하는 말이 뭐? '당연히 선생께서 저보다 잘 아실 테지만?' 그게 우리 수학자들을 존중하는 말로 보입니까? '너는 전문 수학자씩이나 되면서 이런 거도 모르지?'를 돌려서 비꼬는 거지. 그게."

아무리 마음을 열고서 가만히 들어주려고 해도 차마 더는 못 들어주겠다.

"데카르트 님. 피에르 님에게는 그게 진심입니다. 그 데카르트 님을 찾아왔다는 수학자 분들이나 데카르트 님이나 과도하게 의미를 부여해서 진심을 왜곡하는 거라고요. 덧붙여 말하자면 제 눈엔 그건 열등감으로밖에 보이지 않네요."

"… 뭐요!?"

"그렇지 않습니까? 본인들이 피에르 님의 질문에 대답을 잘 못하니까 그런 의미로 왜곡해서 받아들이는 거죠. 만약에 대답하기 쉬운 질문들에 똑같이 얘기했어도 그런 식으로 들렸을까요?"

"이봐요 선생. 내가 아까도 말했죠? 매사 그런 식으로 말하고 행동하니까 그 말도 자연히 그렇게 들리는 거지. 아니, 선생도 수학을 공부한 사람이면서 맥락을 못 읽고 그런 식으로 편협하게 꼬투리를 잡아요? 이제 보니 그 제자가 그 스승한테서 나온 거였구만?"

속이 터질 것만 같다. 차라리 벽에 대고 이야기를 해도 이보다는 시원할 듯하다.

"잘 알겠습니다. 아까 왜 그렇게 행동했던 건지도 알겠고요. 더 알고 싶은 것도 이야기하고 싶은 것도 없네요."

난 그대로 자리를 박차고 일어났다. 그런 내게 데카르트는 다시 입을 열었다.

"선생. 내일 기대하시오."

"?"

"기왕에 말 나온 거, 아무래도 코를 한번 눌러드리고 가야 내 속이 풀릴 거 같으니 말입니다. 선생도, 페르마 씨도."

"뭐라고요?!"

그는 시선을 돌려 벽을 보며 웃고 있었다.

더 말을 섞고 싶지 않은 나는 그대로 방에서 나왔다. 그런데 뒤에서 다시 한번 데카르트의 목소리가 들려왔다.

"아! 그런데 우리 곱상하신 샤를롯 선생님! 아까 그 말은 대체 뭘까요? 정식으로 결투를 신청하라던 거. 그건 뭐, 웃자고 한 소립니까? 핫하하!"

마지막까지 기가 찬 한숨이 새어 나온다, 2층에서 내려와 여관 문을 박차고 나갔다. 바깥바람이 절실했다.

논쟁

I.

페르마와 나, 데카르트. 셋은 어제 앉았던 자리 그대로 원탁에 똑같이 둘러앉았다. 다른 게 있다면 분위기가 처음부터 싸하게 굳어있다는 정도. 서로 아무 말 없이 커피만 들이켜고 있는데, 우리의 긴 정적을 깬 건 다름 아닌 페르마였다.

"그… 어제 주신 동의서 조항을 다 살펴보았는데요. 외람된 말씀이지만 서명은 하지 않았습니다."

"뭐라고요?"

데카르트는 커피잔을 탁자 위에 탁하고 내려놓았다.

"어제는 본인 이름으로 출간할 생각이 없다면서? 그새 맘이 바뀐 겁니까?"

"아뇨. 그런 건 아닌데 동의서에 있는 조항들이 사실상 실효성이 모호해서 말이죠… 현행법에 충돌하는 내용도 많더라고요."

"그거야 페르마 님이 동의서에 서명만 하면 우선 적용이 되는 거니까 문제 될 게 아닐 텐데요. 변호사도 하셨던 분이 그것도 모릅니까?"

"그냥… 솔직히 데카르트 님께서 도형과 방정식의 연계 이론을 본인의 것이라 공증하고 싶으신 거 아닙니까? 그…러면 제 동의 같은 거 필요 없이 그냥 책을 내시면 될 일입니다. 마랭 메르센 신부님께는 제가… 편지를 드리겠습니다."

"그러다 나중에 그쪽이 이건 자신의 이론이라며 뒤늦게 깽판이라도 치면?"

"데카르트 님이 이깁니다. 전 그 이론에 대해 남긴 기록이 없으니까요. 메르센 신부님께 보여드렸던 논문도 버, 버린 지 오래라 실체가 없습니다."

"…"

데카르트는 팔걸이에 팔을 걸치고 다리를 꼬고 앉아 생각에 잠겼다. 그러다 다시 자세를 풀며 말을 이었다.

"하기야 굳이 이런 거 없이도 사람들은 누가 이 이론의 진짜 주인인지 금방 알 수 있을 테죠. 막상 법정까지 가서 다툰다 해도 둘의 깊이엔 확연히 차이가 있을 테니까. 안 그렇습니까?"

"아하하… 네, 네! 그렇죠. 아무렴 제가 감히 데카르트 님의 깊이에 범…접할 수나 있겠습니까."

"제 생각은 두 분의 의견과 다릅니다."

데카르트의 도발적인 발언에 페르마는 애써 웃으며 넘겼지만, 난 더 이상 이를 가만히 볼 수 없었다.

"다르다니? 그럼, 샤를롯 님은 페르마 씨의 깊이가 제 깊이보다 더

깊다는 겁니까?"

"네. 아, 좀 더 정확하게는 피에르 님의 넓이가 데카르트 님보다 더 넓다고 하는 게 맞겠네요. 깊이는 일단 논외로 치죠."

내 말에 데카르트는 의외로 역정을 내는 게 아니라 큭큭 소리를 내며 웃었다. 페르마가 나에게 무언가 말하려 했지만 난 일부러 그에게 시선을 주지 않았다.

"좋습니다. 어디 얘기나 들어봅시다. 선생이 그리 주장하는 근거가 뭡니까? 수십 년간 아침 점심 저녁 수학 연구만 한 나보다 고작 몇 년 쉬는 시간에나 깔짝댔던 우리 페르마 님의 넓이가 더 넓다는 이유가."

"후훗. 그 논리면 위대한 수학 이론은 오로지 연로한 수학자분들에게서만 나오겠군요? 아직 젊으신 우리 데카르트 님도 얼른 더 늙기 위해 노력하셔야겠어요."

페르마가 크게 헛기침을 해댔다. 데카르트의 이마에 실핏줄이 잡혔다.

"어제 데카르트 님이 그런 말씀을 하셨죠. 도형은 방정식이라고."

"그렇소."

"피에르 님은 그 반대로 방정식이 도형이라고 하셨던 거 기억나시나요?"

"기억나지. 그래서 내가 정정해 줬잖습니까."

난 지긋이 미소를 지었다.

"… 그게 뭐 어쨌다는 거요?"

"피에르 님. 그 둘은 같은 건가요, 다른 건가요?"

“네? 아… 다, 다르죠? 순서부터.”

“이보시오! 샤를롯 선생. 이 이론의 연구 대상은 방정식이 아니라 도형이란 걸 모릅니까? 이 이론에서 방정식은 단지 도형을 연구하기 위한 도구인 거요. 도형 문제를 방정식으로 풀어서 분석하겠다는 게 이 이론이라고.”

“네. 그래서요?”

“그래서냐니? 지금 이해가 안 돼서 되묻는 겁니까?”

“데카르트 님. 방정식 중에서 도형이 아닌 게 있나요?”

“… 뭐요?”

난 내 앞에 놓인 종이 위에 방정식 하나를 적어 탁자 한가운데에 내밀었다.

$$aX_1+bX_2+c=0$$

“X_1과 X_2는 각각 평면의 가로과 세로에 대응하는 변수입니다. a, b, c는 상황에 따라 주어지는 적당한 계수라 해보죠. 그럼 데카르트 님. 이 방정식은 어떤 도형을 의미하겠습니까?”

“… 설마하니 샤를롯 님도 이 이론을 연구했던 겁니까? 언제부터요 그게?”

“그냥 묻는 거에 답해주세요. 설마 모르시진 않겠죠?”

"직선이오."[1]

"맞습니다."

난 다시 종이를 가져와 그 아래 방정식을 하나 더 적어 내밀었다.

$$aX_1^2 + bX_1 + cX_2^2 + dX_2 + eX_1X_2 + f = 0$$

"자, 그럼, 이 방정식은 어떤 도형을 의미하나요?"

"…"

데카르트의 미간 주름이 깊어졌다. 그는 한동안 아무 답도 아무 미동도 하지 않은 채 가만히 방정식만 쳐다보았다.

"모르시나요?"

"왜 나에게만 묻는 겁니까? 페르마 씨한테도 한번 물어봐 보시죠. 방정식을 도형이라고 한 장본인이니 아주 잘 알 텐데."

"아, 네. 그럼."

난 페르마에게로 고개를 돌렸다. 다행히도 그의 표정에선 자신감이

---

1 예를 들어 $2X_1 + X_2 - 2 = 0$은 아래와 같이 평면에서 우하향 직선으로 도식할 수 있다.

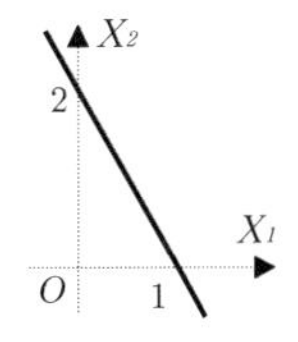

$2X_1 + X_2 - 2 = 0 \Leftrightarrow X_2 = 0 - 2X_1 + 2$

(X_1이 0이면 X_2는 2. X_1이 1이면 X_2는 0. 등등...)

보였다.

“의원님. 이 방정식이 표현하는 도형이 뭔가요?”

“제… 눈에는 원뿔 곡선으로 보입니다. 선생님. 원과 타원, 포물선 그리고 쌍곡선 등이요.”

“네. 맞습니다.”

나는 다시 데카르트를 돌아보았다. 그는 흡사 똥 씹은 표정으로 말을 이었다.

“내가 설마 몰라서 페르마 씨한테 질문을 넘겼다고 생각진 말길 바랍니다. 시험하듯이 계속 물으니 답하기 싫었을 뿐이니까.”

“네. 그렇게 생각하지 않았습니다.”

“그래서. 샤를롯 님이 하고 싶은 말이 무엇이오? 모든 방정식은 다 그에 따른 도형이 만들어진다?”

“네. 정확합니다.”

“그 모든 도형이 다 작도[2] 가능한 대상인지는 어떻게 증명할 겁니까?”

“아뇨. 작도 불가능한 도형이 대다수입니다.”

“뭐? 푸하하! 태연한 표정으로 자충수[3]를 두시네요? 선생. 아주 귀여우십니다?”

“데카르트 님. 작도 불가능한 도형은 도형이 아닌가요?”

---

2 눈금 없는 자와 컴퍼스만을 이용해 여러 가지 도형을 그리는 고전 기하학의 문제를 가리킨다.

3 스스로 행한 행동이 결국에 가서는 자신에게 불리한 결과를 가져오게 됨을 비유적으로 이르는 말.

"큭큭. 그럼, 작도 불가능한 도형이 무슨 의미를 갖는데요? 어디 답해보시죠."

"저는 의미를 논하는 게 아닙니다. 그게 도형인지 아닌지를 논하는 겁니다. 방정식에서 X_1과 X_2는 평면의 가로와 세로를 결정짓는 요소이므로 그 어떤 방정식을 가져온다고 한들 우리는 분명하게 평면상에서 그 형태를 파악할 수 있습니다. 설령 그게 방정식의 해를 하나하나 찾아서 점을 찍는 방식일지라도요."

"…"

"지금까지 제 얘기에서 반박하실 부분이 있나요?"

데카르트는 함구했다. 페르마는 두 눈을 반짝이며 내 말을 경청하고 있었다.

"그럼, 방정식이 도형이라는 피에르 님의 견해에도 불만은 없으신 거죠?"

"잠깐만."

데카르트는 뭔가를 깨달았다는 듯이 갑자기 펜을 들어 종이 위에 뭔가를 적었다.

$$X_1^2 + X_2^2 = -1$$

"자. 샤를롯 선생. 이 방정식에 해당하는 도형을 한번 그려보시죠."

"…"

"왜요? 큭큭. 그려보시라니까요?"

"데카르트 님이 적으신 식을 다시 좀 보세요. 저게 가로선과 세로선의 위치로 표현 가능한 식인가요?"

히죽거리던 데카르트의 표정이 빠르게 변했다. 그리고 자신이 쓴 식을 다시 한번 보더니 눈에 띌 정도로 얼굴이 빨개졌다.

"가능한 방정식을 가져오셔야죠. 애초에 불가능한 방정식을 가져와서 도형을 그리라고 하시면 곤란합니다."

내 머리에는 순간 허수와 복소 공간의 개념도 스쳐 갔지만 꺼내지 않았다. 지금 논점과는 맞지도 않으니.

"… 그래서."

"네?"

"그래서 그게 내 방식보다 더 넓다는 건 뭡니까? 선생의 말대로라면 도형과 방정식은 결국 같은 거란 의미인데. 그러면 도형을 방정식으로 보든 방정식을 도형으로 보든 똑같은 말장난이 되는 거지."

"이상적으로는 그렇습니다. 하지만 실제론 차이가 있죠."

"어째서."

"우리 인간의 상상력은 생각보다 작으니까요."

그는 한숨을 쉬며 천천히 의자 등받이에 몸을 기댔다. 잠깐 생각을 하는 눈치더니 이내 얼굴 한쪽을 일그러뜨리며 물었다.

"그건 또 무슨 뚱딴지같은 소립니까? 갑자기 철학 논쟁이라도 하자는 게 아니면."

예상했던 그의 반응에 피식 웃음이 나왔다.

"데카르트 님. 만약 저 방정식에 X_3이라는 새로운 변수를 첨가한다면 어떻게 될까요?"

"어떻게 되기는. 또 평면 위에 아무런 도형이나 그려지겠지. 작도도 되는지 안 되는지도 모르는."

"평면이요? 그러면 아주 제한적일 텐데요."

"뭐요?"

그때, 페르마가 오른손을 들었다 내렸다 하면서 내 눈치를 살폈다.

"의원님. 하실 말씀 있나요?"

"아아, 네. 그… 그렇게 되면 혹시 입체도형이 되지 않나요?"

깜짝 놀랐다.

"맞습니다! 만약에 그 X_3을 '높이' 같은 개념으로 본다면 의원님의 말씀처럼 일반적인 입체도형을 결정할 수 있어요."[4]

"전에 메르센 신부님께 보여 드렸다는 논문에 제가 썼던 내용과 같습니다. 와… 선생님의 입에서 그게 나오니까… 뭔가 더 새롭네요."

"정말요? 의원님께서는 이미 3차원 도형에도 적용을 하셨었던 거군요!"

"3차원… 말입니까? 그게 뭔지는 잘 모릅니다. 하하."

---

4 예를 들어 $X_1^2+X_2^2+X_3^2-1=0$은 아래와 같이 입체 공간에서 속이 비어있는 구로 도식할 수 있다.

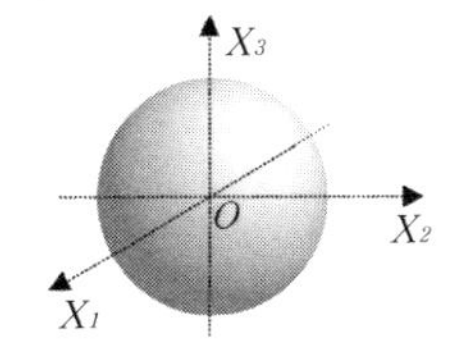

"후훗. 우리가 살아가는 이 세계와 같은 입체 공간을 일컫는 용어입니다."

우리의 대화를 보는 데카르트의 표정에서 슬슬 초조함이 묻어나왔다. 하지만 아직 끝이 아니다.

"데카르트 님. 제가 인간의 상상력을 운운하며 다소 추상적인 표현을 한 이유는 사실 이제부터입니다. X_3에서 그치는 게 아니라 X_4까지 첨가한다면 어떻게 될지 데카르트 님은 그려지시나요?"

"와아…"

감탄을 뱉은 이는 페르마였다. 그와 대조적으로 데카르트의 얼굴은 이제 거의 흙빛으로 변해가고 있었다.

"방정식의 변수가 X_1과 X_2로 구성되어 있으면 우리는 이를 평면상에 존재하는 도형으로, 거기에 X_3까지 첨가하면 입체 공간상에 존재하는 도형으로 해석할 수 있습니다. 마찬가지로 우리는 X_4를 첨가한 방정식 역시 도형이라 보지 않을 이유가 없죠. 하지만 이제부터는 그 도형의 형태를 상상하시기 어려울 거예요. X_5, X_6, X_7, 아예 한 X_{100}정도까지 다 첨가한 도형은 어떨까요? 데카르트 님께선 상상하실 수가 있나요?"

데카르트는 오랫동안 아무 말이 없었다. 나는 그런 그가 대답하길 가만히 기다렸다.

"샤를롯 님의 말은 잘 알겠습니다."

마침내 그의 입이 열렸다.

"상상할 수 있는 도형을 방정식으로 옮기는 거보다 방정식을 연구하고 그걸 도형으로 해석하는 게 더 다룰 수 있는 대상의 폭이 넓다는 얘기지요. 맞습니까?"

"맞습니다."

나는 그에게 미소를 지어 보였다.

"그렇게 어떻게 생겼는지 상상도 안 되는 도형을 연구하는 게 무슨 가치가 있는 겁니까?"

"음… 그야."

난 아까부터 함박웃음을 짓고 있던 페르마의 얼굴을 보며 답했다.

"피에르 의원님의 저 표정이 그 답을 대신해 주고 있네요."

"큭크크. 재미… 말입니까?"

그는 몇 번 더 큭큭거리며 웃더니 깊은 한숨을 내쉬었다. 그리곤 손을 탁자 위에 올려놓고 탁탁거리며 검지로 탁자를 두드리기 시작했다. 그렇게 말 없는 시간이 시작되었다.

페르마는 조용히 손짓으로 비서를 불러 우리 앞의 커피잔을 다시 채우게 시켰다. 이내 향긋한 커피 냄새가 다시 방 안 가득히 퍼져나갔다.

한참의 시간이 흘러서 슬슬 나른해지려고 하는 때, 데카르트의 나지막한 음성에 정신이 번쩍 들었다.

"솔직히 난 두 분이 한편으론 부럽습니다."

생각지 못한 그의 말에 나와 페르마는 시선을 주고받았다.

"나도 분명 두 분처럼 낭만적일 때가 있었죠. 지금도 이따금 그런 순간이 찾아오기도 하고요. 방금처럼."

그는 잔을 들고 커피를 입안 가득 머금었다가 꿀꺽 소리가 나게 삼켰다.

"하지만 나에게 수학은 지극히 현실입니다. 연구하고 논문을 내고 실적을 만들고 인정을 받고. 그게 나의 일이죠. 당신들처럼 재밌다고 하고 재미없다고 안 해도 되는 게 아니라, 재밌어도 때론 하지 말아야 하고 재미없어도 해야만 하는 거. 그게 나의 수학이란 말입니다. 아니. 수학을 업으로 삼은 많은 동료가 나와 같은 길을 걷지요. 당신 같은 사람들이 말하는, 소위 '수학이 재밌어서 한다.'라는 식의 말이 우리에겐 얼마나 가당찮은 소린지나 아시오? 재미를 떠나 끊임없이 내 일의 가치를 찾고 만들고 부여해야 하는 게 우리란 말입니다."

"…"

"다시 기하학 얘기를 해볼까요? 선생도, 페르마 씨도 아주 잘 아실 테지만, 기하학이야말로 태생은 현실의 문제였지요. 나일강의 범람 때마다 토지 재분배를 위한 수단이었고 건축 시에 올바른 각도를 잡아주기 위한 수단으로 시작된 게 기하학이니까. 어떻게 생겼는지도 모르는 도형을 논하기 이전에 형태가 분명한 도형부터 명확하게 해결해야 하는 게 바로 이 학문의 본질 아니겠소?"

말을 여기까지 한 그는 별안간 펜을 들어 종이 위에 그림을 그렸다.

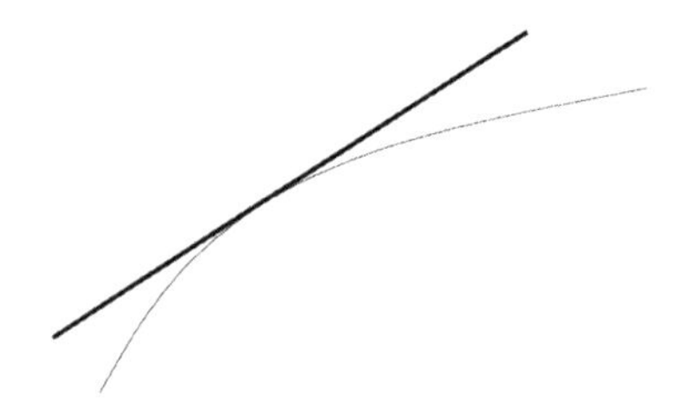

"목적은 직선이오. 페르마 씨. 그쪽이라면 이렇게 아래의 곡선에 접해있는 직선을 어떻게 구할 겁니까?"

데카르트가 원탁에 올려놓은 그림과 그의 말에 내 심장은 빠르게 뛰기 시작했다. 그리고 아찔한 현기증이 시작됐다.

저건… 설마 미분[5]?!

물론 곡선의 접선을 묻는 문제는 고대 그리스 때부터 제기된 고전적인 문제다. 유클리드의 원론에도 수록되어 있고 아르키메데스 님의 저서에서도 접선은 심심찮게 등장하는 소재이니까.

하지만 내가 이 상황에서 미분이란 개념을 떠올린 건 여태까지 쌓아올린 대화의 흐름 때문이다. 실제로 미분은 해석기하학의 꽃이라고도 할 수 있다. 다만 너무 빠르다. 수학사에 미분이란 개념이 등장한 건 적어도 지금보다는 한참의 시간이 흐른 후일 테다.

그림을 응시하는 페르마의 표정을 읽을 수가 없다. 그는 지금 어떤 생각을 하고 있을까? 그리고 어떤 대답을 할까? 혹시… 지금 시대에 벌써 미분의 개념을 이해하고 있다든지…

"음… 잘 모르겠는데요? 데카르트 님께서 좀 알려주시면 안 될까요?"

페르마는 쑥스러운 듯 옆머리를 긁적거렸다. 그 모습을 보고 데카르트는 몇 번 코웃음을 치더니 날 돌아보았다.

---

5 기하학적 관점에서 미분이란 주어진 곡선의 접선을 구하는 문제와 연관이 있다.

"샤를롯 님. 바로 이런 게 문젭니다. 제가 무슨 얘기하는 건지 이해되시지요?"

데카르트의 얼굴에 오랜만에 미소가 번졌다. 페르마의 경이로운 대답을 한편으로 기대했던 나도 조금 아쉬운 마음은 들었으나, 그와 별개로 이런 문제를 제기한 데카르트의 속내도 썩 좋게 보이지는 않는다. 하지만 그만큼 자신이 있다는 거겠지. 이 문제로 나와 페르마의 코를 납작하게 누를 자신이.

아니나 다를까 그는 당당히 다시 펜을 들고서 자신이 그린 그림에 선을 보탰다.

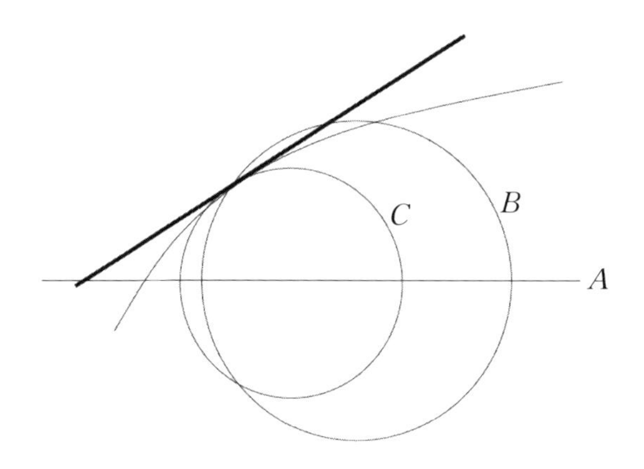

"자. 이 그림을 보면 직선 A가 보이죠? 이걸 기준선이라 합시다. 그럼, 이 A라는 선상에 그 중심이 존재하면서 아까의 곡선과 직선이 접하는 점을 지나는 이런 B 같은 원을 떠올릴 수 있을 거요."

"중심이 A에 있고 접점을 지나는 원이요?"

페르마가 묻는다.

"그렇지. 근데 이 원 B는 보다시피 접점이 아닌 곳에서도 곡선과 또 만납니다. 접선과도 마찬가지고. 그런데 이 옆의 원 C를 보죠. 이건 어떻습니까?"

"중심이 A에 있으면서 접점도 지나고… 원 B와 달리 다른 위치에서는 곡선과 만나지 않는 모양이네요."

"그렇지요. 그럼, 이런 원 C가 실제로 몇 개나 존재할 거 같습니까?"

"… 이 그림상에서는 유일할 것 같네요."

"그렇지. 아주 특별한 원이죠."

그는 다시 종이를 자기 앞으로 가져가 그림을 보탠 후 우리 앞에 내밀었다.

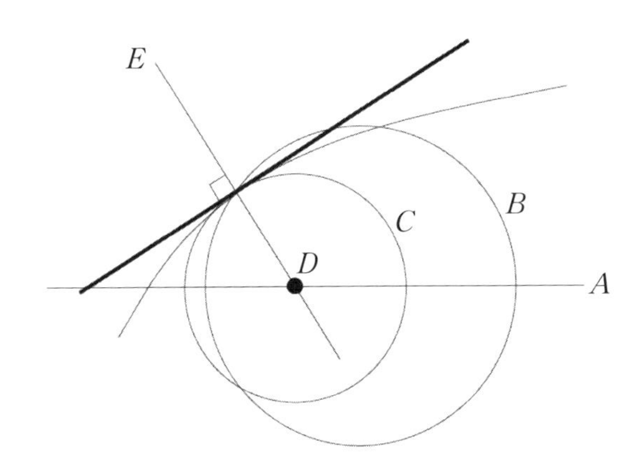

"자. 이제 이 특별한 원 C의 중심점을 D라고 합시다. 그러면 우린 접

점과 점 D를 지나는 선 E라는 걸 결정할 수가 있소. 그러면 문제는 해결이지."

"…"

"큭큭. 더 설명이 필요합니까?"

"흠… 그러니까 데카르트 님의 말씀은 선 E와 수직인 기울기를 가지면서 접점을 지나는 직선. 그게 바로 처음… 구하려고 했던 접선이다. 이 말씀이죠?"

"그렇소. 결국 접선을 구하는 이 문제는 원 C를 구하는 문제로 바뀐다는 의미지."

"하하. 그렇네요."

어쩌면 당연하게도 내가 문제를 처음 들었을 때 번뜩였던 미분의 개념과는 다소 거리가 먼 풀이 방식이다. 하지만 저 방식대로도 접선을 구할 수 있다는 건 일리가 있어 보인다.

한편으로는 대단하다는 생각도 든다. 데카르트가 얼마나 집요하게 이 접선 문제를 해결하려 노력했는지가 엿보이는 풀이다. 다만 이런 고찰을 자신의 위신을 세우기 위한, 혹은 페르마를 기죽이기 위한 일환으로써 내세운다는 점이 불편하게 다가오는 것도 사실이다.

아무쪼록 페르마가 큰 상처를 받지는 않았으면 좋겠는데. 지금은 내가 끼어들 때도 아닌 것 같아 그저 이 모습을 지켜보는 수밖에 없다.

"큭큭. 더 해볼까요? 그럼, 이제 페르마 씨라면 이 원 C를 어떻게 구할 겁니까?"

연달아 데카르트의 질문이 이어진다.

“그, 글쎄요. 너무 많은 정보가 한꺼번에 들어와서 정신이… 하나도 없네요. 하하.”

“그러시겠지. 이렇게까지 깊이 생각해 보지는 않았을 테니까. 바로 그 열쇠가 방정식이란 말입니다.”

“아아! 처음 곡선의 방정식과 원의 방정식을 연립해서… 입니까? 중근이 나오면 될 테니까!”

“…”

이번엔 놀랍도록 빠른 페르마의 대답이다. 원과 곡선이 만나는 횟수가 곧 그들의 연립방정식의 해의 개수와 같다[6]는, 해석기하학의 핵심 주제가 아무렇지도 않게 튀어나온 것이다.

이건 바꿔 말해 페르마가 이 개념을 얼마나 깊게 고민하여 체화시켰는지를 엿볼 수 있는 대목이다. 처음 접하는 풀이법과 데카르트의 압박 속에 온전히 정신을 붙들기도 쉽지 않을 상황임에도 그와 연관된 주제가 나오자 곧바로 답을 하는 걸 보면.

데카르트도 페르마의 반응속도에 놀랐는지 순간 말문이 막힌 듯했다.

“그런데요 데카르트 님. 꼭 이런 방식으로 접선을 힘들게 구할… 필요는 없지 않나요? 더 효율적인 방법도 많을 테니까. 물론 데카르트 님께서 더… 잘 아시겠지만.”

---

6 150쪽 참고.

"더 효율적인 방법이라니요?"

"과정을 더 간결하게 할 수 있는 방법을 여쭙는 겁니다."

데카르트는 별안간 탁자를 쾅 내리쳤다. 그 소리에 나도 페르마도 깜짝 놀랐다.

"이보시오 페르마 씨! 남을 좀 인정하는 자세를 갖추시오! 이런 식으로 자신이 모르는 내용이라고 어물쩍 넘기는 게 아니라!"

"예, 예!? 아이고. 데카르트 님. 저는 그런 의미가 아, 아니었습니다."

"아니긴 뭐가 아니야! '그보다 더 간결한 방법이 아니면 난 인정하지 않겠다.' 지금 그 말 아니오? 정작 본인은 아무것도 모르면서!?"

그는 신경질적으로 탁자에서 새 종이와 펜을 집어 들고 페르마의 앞에 탕 내려놓았다.

"자! 아무래도 그쪽이 나보다 몇 배는 더 잘 아는 거 같으니, 어디 한번 제시해 보시오. 방금 내 풀이보다 더 간결한 방법을! 못 한다면 오늘 내가 겪었던 수모들을 낱낱이 다 살롱에 까발릴 테니까!"

겁에 질린 페르마의 낯빛이 창백해졌다. 안 되겠다 싶어 난 그 둘의 대화에 끼어들었다.

"데카르트 님. 일단은 앉아서 좀 진정하세요."

"샤를롯 님이야말로 평소에 제자 교육 좀 똑바로 하시오! 거 마냥 보듬는다고 해서 좋은 교육인 게 아니니까!"

"그… 그만둬 주시죠. 데카르트 님."

작게 떨리는 페르마의 목소리에 나도 데카르트도 그를 돌아보았다.

"샤를롯 선생님은 저에게 새 지평을 열어주신 분이자 지금은 집안 손님인 분입니다. 저…에게 뭐라 하는 건 괜찮아도 저 때문에 선생님까지 욕하는 건 자제해 주십시오."

말을 마친 페르마는 데카르트가 둔 펜을 집어 빠른 속도로 종이 위에 그림을 그렸다.

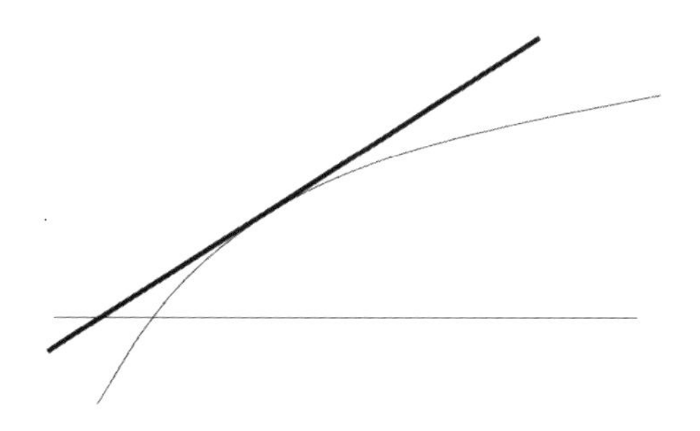

"이거였죠? 아까… 데카르트 님의 그림 말입니다."

데카르트와 시선을 한 번 주고받은 페르마는 그대로 그림에 선을 보탰다. 데카르트는 서 있는 상태로 그 모습을 지켜보고 있었다.

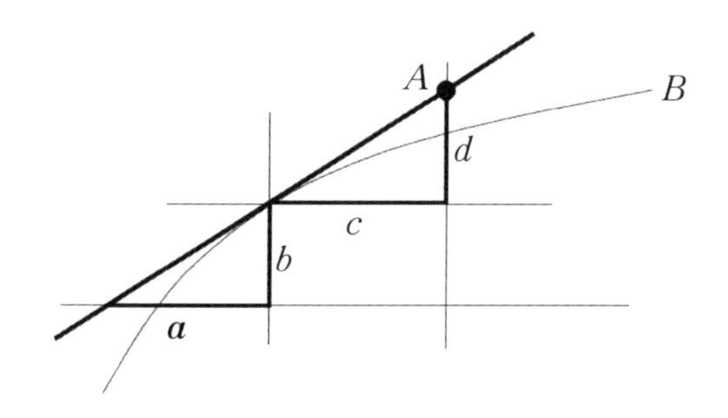

"보시다시피 여기서 접선의 기울기는 $\frac{b}{a}$입니다. 접점의 정보로 b 값은 알 수 있기 때문에 우…리가 알아야 하는 정보는 a입니다. 그런데 $\frac{b}{a}$는 $\frac{d}{c}$와도 같으니까 $d=\frac{bc}{a}$이죠."[7]

페르마의 설명에는 막힘이 없었다.

"따라서 기준선으로부터 점 A의 높이는 $b+\frac{bc}{a}$입니다.[8] 이제… 이 점 A를 곡선 B의 방정식에 대입하고 식을 c에 대해서 정리합니다."

페르마는 그림의 점 A 왼쪽에 화살표를 표시하며 설명을 이어갔다.

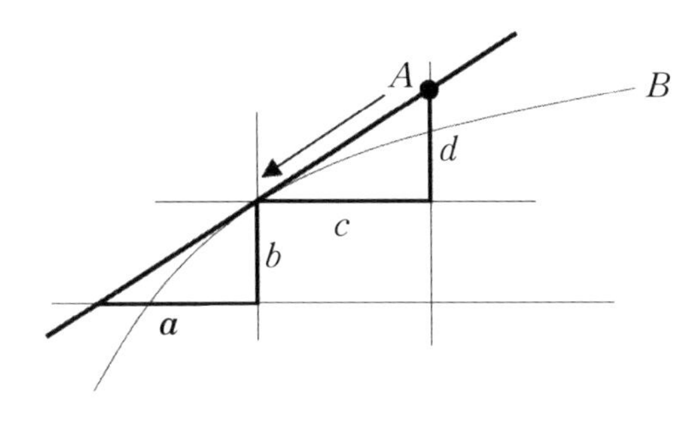

"점 A를 접점에 가까이 잡으면 잡을수록 곡선 B와의 거리도 가까워지게 됩니다. 바꿔 말해서… 점 A와 곡선 B 사이의 오차도 한없이 0에 가까워지게 되죠. 이, 이제 이에 근거해서 아까 정리했던 식에 $c=0$을 대입합니다. 그러면 어렵지 않게 a 값도 구할 수가 있습니다."

---

7 $\frac{b}{a}=\frac{d}{c} \Rightarrow d=\frac{bc}{a}$

8 점 A의 높이 $=b+d=b+\frac{bc}{a}$

설명을 마친 페르마는 조용히 펜을 탁자 위에 내려놓았다.

"끝입니다. 원하시면 실제 수를 넣어서 예시도… 보여드리겠습니다."

Ⅱ.

데카르트가 머무는 여관에 다시 찾아온 나는 곧장 그의 방으로 가서 문을 두드렸다. 하지만 아무 소리가 없기에 문이 열어보니 이미 빈방이었다.

그때 마침 밖에서 말 울음소리가 들려왔다. 창밖을 내다보니 데카르트가 막 마차에 올라타려 하고 있었다.

달려 나가 그의 앞에 섰다. 나를 본 그의 눈이 순간 커졌지만, 마치 내가 올 걸 미리 알고 기다렸다는 듯이 태연한 목소리로 말을 꺼냈다.

"왜, 확인 사살이라도 하러 왔습니까?"

"바로 떠나실 것 같기에 작별 인사나 드릴 겸 왔습니다."

"떠나야지 그럼. 이 지긋지긋한 동네. 다시는 안 올 거요."

피식 웃음이 나왔다. 그의 말투에 익숙해져서일까. 전과 달리 그의 말에서 묘한 정을 느낄 수 있다.

"그때 너무 갑자기 나가버리셔서. 의원님도 상심하고 계십니다. 데카르트 님께 식사 한번 제대로 대접해 드리지 못했다고요."

"그 사람이? 크큭. 쌤통이라 하겠지요. 선생도 옆에서 봤잖습니까? 바보인 척 모르는 척 기만하다가 결국 마지막에 가서 혼자 잘나신 분 되는걸. 난 그 사람이 짜놓은 판에 제대로 당한 거죠. 식사라고요? 나에 대한 조롱의 완성이지 그게."

"..."

"난 선생에 대한 개인적인 악감정은 없습니다. 오히려 페르마 그 사람만 아니었으면 내가 먼저 선생께 식사를 청했을 거요. 혹시 후에 파리에 올 일 있으면 미리 연락 한번 주시오. 융숭히 대접해 드릴 테니."

"말씀만도 고맙네요."

그는 고삐를 당겼다. 말 울음소리가 하늘에 청명하게 퍼졌다.

"르네 데카르트 님!"

"아직 더 할 말이 남았습니까."

나는 잠시 망설였으나, 오기 전에 하기로 마음먹었던 이야기를 용기내어 꺼냈다.

"평소에 많이 존경하고 있었습니다. 르네 님을요. 실제로 만나 뵙게 되어 저에게는 무척이나 영광이었습니다."

"크큭. 몇 번 봤다고 벌써 친해진 거요? 우리가?"

"힘내세요. 당신의 업적으로 후대의 많은 이들이 이로움을 누릴 겁니다. 저 역시 덕분에 삶에서 가장 소중한 친구를 얻었고요. 진심으로 감사드립니다!"

"그게 다 무슨 뚱딴지같은 소립니까? 선생도 나를 조롱하자는 겁니까? 크큭. 이거야 원."

나는 마차 위에 올라타 있는 그를 따듯한 눈빛으로 올려다보았다. 비록 말은 퉁명스럽게 했어도 그의 얼굴에는 여태껏 보지 못한 부드러운 미소가 어려있었다.

"잔말 말고 다음에 연락이나 주시오. 어린 선생. 이런 변방에서는 감히 구경조차 힘들 특급 코스로다가 내 친히 모실 테니까."

이 말을 끝으로 그의 마차는 먼지바람을 일며 내 앞을 떠나갔다. 그리고… 그와 동시에 익숙한 발소리가 뒤에서 들려왔다.

뒤돌아보니 역시. '그녀'였다.

"오랜만이야."

나는 빙긋이 미소를 지어 보였다. 그녀의 표정은 그야말로 무표정. 그녀는 나의 인사에도 아무런 반응을 하지 않는다.

"내가 이 시대에 머무는 기간이 끝난 거지? 데카르트도 떠났고. 그럴 거라 생각했어. 그럼, 이제 다음 삶으로 넘어가면 되는 거야?"

여전히 그녀는 묵묵부답이다. 여태까지 보여왔던 분위기와는 사뭇 다르다.

"나의 이상한 행동들. 그러니까 손을 대지 않고 물건을 움직인다든지 하늘을 난다든지 공간을 이동한다든지. 매 순간 나는 네가 내 앞에 나타날 거로 생각하고 있었어. 하지만 넌 그러지 않았지."

"지켜보고는 있었어. 네가 이상한 짓을 하나 안 하나."

"… 많이 했던 거 아니야?"

"아닌데? 걱정했던 거보다 아주 무난해서 오히려 고마웠는데."

"그래…?"

"아! 인간치고는 이상한 행동들인 건 맞지! 근데 나한테 중요한 건 그게 아니거든."

"혹시 내가 역사에 영향을 미치는지 아닌지를 말하는 거야?"

"뭐, 그것도 그렇고 너 말하는 대로 하자면 지금 이 무대의 주인공은 어쨌든 너니까. 막 바꿀 수 있는 게 아니야 그게."

"그 말은, 나의 그 행동들까지도 전부 너의 예상 안에 있었다는 얘긴가 보네?"

"아니 예상 밖이긴 했지. 이틀간 사라지더니 갑자기 인간답지 않은 행동들을 하니까. 그래도 네가 알아서 다른 인간들한텐 안 들키려고 조심해 주던데? 크크."

맞아 그랬지. 나는 그저 사람들 눈에 띄고 싶지 않았을 뿐이었지만.

"그럼 만약에 나의 그 행동을 누군가 보기라도 했었다면, 그때는 어떡했을 거야?"

"흠. 그때마다 일일이 널 봤던 인간들의 기억을 지우든지 했겠지. 짜증 나니까 너한테 따로 주의도 했을 거고. 아! 그래서 말인데."

"?"

"넌 이제 여기까지야. 수고했다."

그녀는 피식 웃으며 나의 어깨를 두드렸다. 여기까지라니? 그건 또 무슨 말이지?

"여기까지란 게 무슨 말이냐고? 말 그대로야. 너의 삶은 여기서 끝이라고."

"나를 죽이겠다는 거야?"

"그런 셈이지."

그녀는 한 발짝 뒤로 물러나 오른손을 내게 들려 했다. 그 순간, 나의 머릿속엔 무수한 생각이 빠르게 스쳤다.

"… 갑자기 왜?"

"왜? 죽고 싶어 하던 때는 언제고 막상 죽는다니까 겁나? 걱정 마. 그동안 수고해 준 대가로 내가 고통 없이 보내줄게."

"이유라도 좀 알려줘. 어차피 끝이라면 어느 정도는 알려줘도 괜찮잖아?"

가슴이 두근거린다. 어쩌면 지금 나는 그녀에게서 그동안 궁금했었던 많은 이야기를 들을 기회를 얻은 걸지도 모른다.

그녀는 내 물음에 잠시 대답을 망설이더니 이내 들고 있던 팔을 내리며 답했다.

"이참에 궁금했던 많은 이야기를 듣고 싶다고? 어차피 죽을 건데 그런 게 의미가 있어?"

참, 그녀는 내 마음도 읽을 수가 있었지.

"인간의 호기심이야? 죽는 순간까지도? 어이가 없네."

"후훗. 하지만 그게 우리 사람의 본능이거든."

"그래. 뭐 까짓거 알려줄게. 아직까지야 인간의 능력을 벗어난 네 모습을 본 애가 없었지만, 이제는 곧 생길 거야."

"… 은우를 말하는 거지?"

그녀는 내 말에 깜짝 놀라더니 이내 박장대소했다.

"와! 너 진짜 대박이다! 결국엔 걔 이름까지 기억해 낸 거야? 징하다,

징해. 진짜."

"여태까지 그래왔던 것처럼 내가 걔 앞에서도 행동을 조심하면 되는 문제잖아?"

"아니 아니지. 굳이 그런 위험을 감수하는 것보단 여기서 널 없애는 게 더 낫지. 지금의 너는 너무 위험해졌거든."

"나의 존재 이유가 고작 이 정도밖에 안 되는 거였어? 난 네가 날 이 세상으로 부를 때 뭔가 특별한 이유가 있었기 때문이라 생각했는데."

"특별하지. 넌 그분께서 말씀하신 조건들에 딱 부합하는 애였으니까."

"조건? 그게 뭔데?"

그녀는 한쪽 눈썹을 치켜올리며 나를 빤히 쳐다보았다. 하지만 피식 웃음을 지으며 이내 말을 이었다.

"첫째. 사라지더라도 주위에 영향을 끼치지 않을 자. 둘째. 스스로도 세상에서 사라지기를 원하는 자. 마지막으로 셋째. 인간의 학문인 수학을 아주 좋아하는 자. 첫 번째와 두 번째 조건에 부합하는 이는 많이 보았지만 세 번째 조건까지 모두 맞는 애를 찾은 건 어려웠거든."

"… 왜 하필이면 수학이었던 거야?"

"모르지. 그분의 뜻인데. 아무튼 막상 그런 너를 무대로 데려와 놓고 보니까 넌 무대에 집중하지 못했어. 뭐, 이후의 내용은 일전에 내가 말해줬으니 알지?"

"내가 서연이었을 적의 삶을 그리워했던 유일한 이유인 은우를 곁에 데려와 나를 무대에 집중하게 만들 의도였다는 거."

"그래. 그런데 아예 이참에 주인공을 갈아버릴 생각이야! 너 말고 걔로. 그편이 더 낫겠더라고."

두 손이 파르르 떨린다.

"은우는 나와 달리 친구도 많고 부모님께서도 멀쩡히 살아계신 애였어! 너의 말대로라면 그분이 내건 조건들과는 전혀 거리가 먼 아이였잖아?"

"내가 언제 그 아이 본인을 데려왔다고 했냐? 그 애 본인은 자신의 세상에서 아무 문제 없이 잘 살고 있어. 네가 증상이라고 말하는 그 아픔도 이제는 더 겪지 않는다고."

"… 뭐!? 그건 또 무슨 말이야? 은우 본인을 데려온 게 아니라니?"

"그래. 지금 이 세상에 있는 애는 은우란 애의 복제야. 너처럼 본인을 데려온 게 아니라. 나도 머리 좀 썼지."

"뭐라고!?"

너무 충격적인 그녀의 말에 순간 나는 내 두 귀를 의심했다. 은우가… 그럼 두 명이 존재한다는 얘기야? 설마 그렇다면…

"그럼! 지금의 은우가 원래 살던 세상으로 돌아가면 어떻게 되는 거지?"

"엥 뭔 소리야? 당연히 못 돌아가지! 이 이야기가 끝나면 너처럼 폐기되거나 아니면 뭐, 그분께서 알아서 해주시겠지? 내가 딱히 신경 쓸 문제는 아닌 듯해."

"어떻게 그런… 무책임하고 잔인한 말을…"

"뭐? 푸하하하! 야. 내가 너희들을 책임져 줄 이유가 뭔데? 무대의 주인공 어쩌구 표현하더니 진짜 너희들이 세상의 주인공이라도 되는 줄 아는 거야? 자의식 과잉이구만, 아주!"

원래 세상으로 돌아갈 수도 없다면 은우는, 이 모든 내막을 모르고 있는 그는 그저 나 때문에 괜히 이곳으로 불려 왔다가 평생 이용만 당하고 버려질 운명이라는 말이다.

"너의 말을 듣고 나니 더더욱 나는 지금 죽어선 안 되겠어."

"크크 뭐래. 아무튼 그러면 이제 다 된 거지? 아주 너희들 인간의 궁금증은 지긋지긋하다. 이제 끝! 그동안 수고했어. 잘 가."

그녀는 다시 오른손을 들어 날 향해 뻗었다. 하지만…

역시. 아무런 일도 내게 일어나지 않는다.

"어? 뭐야. 왜 안 사라져?"

"… 잘 안되나 봐?"

"이거 뭐야. 왜 이래? 어어!?"

그녀는 당황한 듯 연거푸 내게 손을 뻗으며 애를 썼다.

"나는 진작부터 느끼고 있었는데. 역시 너는 지금의 날 제대로 보지 못하는 모양이구나."

"뭐, 뭐라고?!"

"지금의 넌 내게 함의되는 존재야. 그래. 수학적으로 표현하자면 말이지."

"함의되는 존재… 라고? 그게 뭔데!?"

"너로부터 구성되는 세상이 나로부터 구성된 세상의 일부란 얘기야. 그뿐만 아니라 지금의 나는 이 세상의 공리도 어느 정도의 재구성이 가능하지. 쉽게 말해서, 너는 날 없앨 수 없어."

얼굴이 뻘겋게 달아오른 그녀는 반쯤 입을 벌리며 주춤주춤 뒷걸음을 쳤다.

"세상을 구성하는 공리라고? 그런 말은 그분께서나 하시는 얘긴데. 너… 넌 대체 그분이랑 무슨 관계인 거야. 그저 인간일 뿐 아니었어?!"

"넌 여기까지야. 은우에게 널 보낼 순 없어."

이번에는 내가. 천천히 그녀를 향하여 손을 뻗었다.

"자, 잠깐만 기다려! 이 세상의 관리자가 나란 건 알고 있지!? 내가 사라지면 이 세상도 사라질 거야! 이, 이상하기는 해도 진짜로 네가 날 없앨 능력이 있을 리도 없을 테고. 그, 그치? 아, 아하하하…"

"아니. 가능해."

나는 더 망설일 것 없이 그녀의 존재를 마음속에서부터 깊이 부정했다. 그런 나의 마음에 동조하며 그녀는 점차 내 눈앞에서 사라져갔다.

이내 그녀가 완전하게 사라진 허공을 난 멍하니 바라보았다. 그리고 천천히 손을 내렸다. 간지러운 바람이 불어와서 내 두 뺨을 스쳤다.

고개를 돌려 보았다. 곧게 뻗은 나무들이 잔뜩 우거진 숲. 그리고 이파리들로 덮인 바닥 위로 이름 모를 작은 새 몇 마리가 총총 뛰어다니며 먹이를 찾고 있다.

"저거 보여? 네가 없어도 이 세상은 아무런 문제 없이 잘 흘러가더라. 내 생각대로."

눈을 들어 하늘을 보았다. 구름 한 점 없는 푸른 하늘이 오늘따라 유난히 더 상쾌하게 보인다.

페르마는 어떤 사람인가?

피에르 드 페르마(1607년~1665년)는 오를레앙 대학에서 법학을 전공했

[1] 으며, 보르도 지방에서 짧은 변호사 생활 이후 1630년에 툴루즈 지방의 의원으로 취임했다. 이때 그의 이름에 귀족의 표시로 '드'가 추가되었다. 1637년에는 카스트르 지방 의회의 고문으로 취임했다.

국가의 성실한 일꾼이었던 그에게 수학은 농도 짙은 취미였다. 비록 그가 자신의 이름으로 수학 논문을 출간한 적은 없으나, 메르센, 데카르트, 파스칼 등 많은 수학자와 주고받았던 서신과 미출간된 그의 저작물들이 후대에 발굴되면서 그는 17세기 초 최고의 수학자 중 한 명으로 꼽히게 된다.

특히 정수론에의 기여와 확률론 및 해석기하학의 창시자로서 그의 업적이 칭송받으며 또한 미적분학의 선구자로도 평가받는데, 아이작

1 이미지 출처: https://www.wikidata.org/wiki/Q75655

뉴턴은 미적분에 대한 자신의 초기 아이디어가 페르마의 접선이론에서 직접 인용된 것이라고 밝히기도 했다.

데카르트는 어떤 사람인가?

[2] 르네 데카르트(1596년~1650년)는 프랑스의 수학자이자 철학자이다.

그는 모든 학문 중에서 오로지 수학만이 명증적인 것이라 주장했다. 철학도 수학과 같이 분명하고 명확히 드러나는 진리를 출발점으로 해야 한다며 그는 기존의 모든 지식을 의심해 최후의 의심할 수 없는 명제, '나는 생각한다. 고로 존재한다.'에 도달하였다. 그리고 이 명제를 철학의 근본 기초라 주장했다.

푸아티에 대학에서 수학, 자연과학, 스콜라 철학 등을 공부한 데카르트는 졸업 후엔 지원병으로 입대하여 네덜란드에 갔으며, 30년 전쟁이 일어나자 독일에 출정하였다. 그가 병영의 침상에 누워 천장에 붙은 파리를 관찰하다가 해석기하학을 창시하게 되었다는 일화는 유명하다. 하지만 그의 해석기하학 저서 출간에 앞서 이미 페르마의 미출간 논문 원고가 존재했음이 밝혀지면서, 데카르트는 페르마와 더불어 해석기하학의 공동창시자로 불리게 된다.

---

2 이미지 출처: https://en.wikipedia.org/wiki/Ren%C3%A9_Descartes

페르마와의 접선에 대한 논쟁에서도 보그랑, 로베르발, 에티엔 파스칼 등의 수학자들은 페르마의 방법이 훨씬 우아하다고 평했다. 데카르트 역시 페르마에게 보낸 서신에서 '그저 매우 훌륭하다는 말 외에 달리 할 게 없다.'고 썼으나 한편으론 페르마를 '가스코뉴 사람[3]'이라 비방했다.

여담으로 오늘날 미지수로 알파벳 x를 사용하는 것도, 거듭제곱의 표기를 숫자 위에 작은 숫자(지수)로 하는 것도, 실수 이외의 복소수를 허수라 명명한 것도 모두 데카르트의 업적이다.

프랑스의 살롱 문화

살롱의 어원은 이탈리아어의 'sala'이며, '거실'을 뜻한다. 보통 살롱 문화라 하면 근세 시대의 서유럽 사교계 문화를 일컬으며 주로 귀족인 주최자가 자신의 저택에서 주최한 문예를 중심으로 하는 교류회였다. 16세기 이탈리아에서 그 초기형이 나타나 프랑스에서 17~18세기 동안 유행하였고, 19세기까지도 살롱 문화가 활발히 유지되었다.

당시의 뛰어난 학자, 예술가들이 살롱에 모여 만찬을 들며 음악, 철학, 역사 등 주제를 가리지 않고 자신이 가지고 있는 최선의 생각들을 내놓으며 열띤 토론의 장을 만들어 갔으며, 당시 획기적으로 발전되

3 당시에 '가스코뉴 사람'이란 표현은 '허풍쟁이'와 비슷한 의미였다.

고 있던 과학도 살롱의 주제가 되었다. 수학, 물리, 천문학, 화학, 의학 등이 살롱에서 다루어지며 학문의 발전에도 살롱이 선도적 역할을 담당한 것이다.

특히 '메르센 수[4]'로 유명한 마랭 메르센이 주최한 살롱에는 페르마, 데카르트, 로베르발, 에티엔 파스칼, 갈릴레이, 토리첼리 등의 많은 수학 및 과학자들이 서로의 연구 결과를 공유하였다. 이 살롱은 이후 최초의 프랑스 과학 아카데미로 발전했으며, 살롱 회원의 연구 교류를 위해서 만들어졌던 책자는 오늘날의 과학 저널 시초라고 평가받는다.

---

4 메르센 수는 2의 거듭제곱에서 1이 모자란 수를 가리킨다. 1, 3, 7, 15, 31, 63 등이 있다.

에피소드 7에 나오는 수학

① 페르마의 마지막 정리

페르마의 마지막 정리(Fermat's last theorem, FLT)란, 정수론에서 n이 3 이상의 정수일 때, $a^n + b^n = c^n$을 만족하는 양의 정수 a, b, c가 존재하지 않는다는 정리이다. 1637년에 피에르 드 페르마가 처음으로 추측하였다. 수많은 수학자가 이를 증명하기 위해서 노력하였으나 실패하였고, 1995년에 이르러서야 영국의 저명한 수학자인 앤드루 와일스가 이를 증명하였다. 그 방법이 페르마가 살던 시기에는 발견되지 않은 데다가 매우 복잡하기 때문에 수학자들은 페르마가 다른 방법으로 증명했거나 틀린 증명을 했을 거라 추측한다.

페르마가 남긴 수학 명제 중에 가장 마지막으로 증명된 정리이기에 '페르마의 마지막 정리'라 불리며, 앤드루 와일스의 증명은 기네스북에서 가장 어려운 수학 문제로 등재되었다. 또한 이 정리를 증명하기 위한 수많은 수학자들의 각고의 노력 덕분에 19세기 대수적 수론이 발전했고 20세기에 모듈러성 정리가 증명되었다.

② 사건과 여사건

통계학에서 사건(event)이란 실험이나 시행에서 일어날 수 있는 결과를 말하며, 여사건(complementary event)이란 특정 사건이 발생하지 않을 사건을 말한다.

예를 들어 주사위 1개를 던지는 시행에서 사건 A를 짝수 눈이 나오는 결과, 즉 $\{2, 4, 6\}$이라 하면, 그것의 여사건 A^c은 $\{1, 3, 5\}$이다.

③ 로그와 로그의 성질

로그는 지수함수의 역함수이다. 즉, x, y 사이에 $y = a^x$라는 관계가 있으면 $\log_a y = x$로 표시한다. 예를 들어 $\log_2 8 = 3$이다. 17세기 초에 복잡한 단위의 계산을 간편하게 해내기 위해 존 네이피어가 발명한 것으로 흔히 알려져 알려져 있다.

로그는 정의에 따라 다음과 같은 연산 성질들을 만족한다.

1) $\log_a M + \log_a N = \log_a MN$

2) $\log_a M - \log_a N = \log_a \frac{M}{N}$

3) $\log_a M^c = c \log_a M$

예를 들어 $\log_2 8 = \log_2 (2 \times 4) = \log_2 2 + \log_2 4 = 1 + 2 = 3$처럼 전개할 수 있고, $\log_2 8 = \log_2 2^3 = 3\log_2 2 = 3$처럼 전개할 수도 있다.

④ 이항정리

이항정리(二項定理, binomial theorem)는 이항식의 거듭제곱을 단항식들의 합으로 전개하는 정리이다. 이때 단항식들의 계수를 이항계수라 부른다.
몇 가지 작은 지수의 경우의 이항 정리는 다음과 같다.

$$(x+y)^0 = 1$$
$$(x+y)^1 = x+y$$
$$(x+y)^2 = x^2 + 2xy + y^2$$
$$(x+y)^3 = x^3 + 3x^2y + 3xy^2 + y^3$$
$$(x+y)^4 = x^4 + 4x^3y + 6x^2y^2 + 4xy^3 + y^4$$

⑤ 파스칼의 삼각형

파스칼의 삼각형(Pascal's triangle)은 이항계수를 삼각형 모양으로 배열한 것이다. 비록 블레즈 파스칼의 이름을 따 명명되었지만, 그가 처음 발견한 것은 아니고 중국, 인도, 페르시아 등에서 이미 앞서 연구된 바가 있다.
파스칼의 삼각형은 다음과 같은 방법으로 만들 수 있다.
ⅰ. 첫 번째 줄에는 1을 쓴다.
ⅱ. 그다음 줄을 만들 때 가장자리의 수는 1로, 그 외의 수는 바로 위의 왼쪽 수와 오른쪽 수를 더한다(아래 그림 참고). 예를 들어, 네 번째 줄의 숫자 1과 3을 더하여 다섯 번째 줄의 4가 만들어진다.

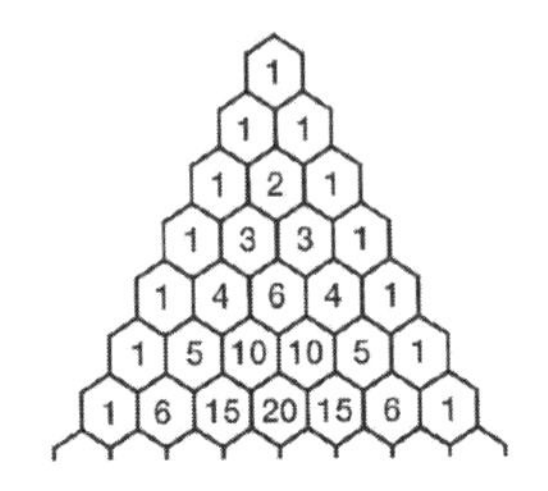

⑥ 해석기하학

해석기하학(analytic geometry)이란 여러 개의 수로 이뤄진 순서쌍(또는 좌표)을 이용하여 도형의 성질을 탐구하는 기하학이다. 좌표기하학이라 부르기도 한다.
2차원인 좌표평면, 3차원인 좌표공간 등을 임의의 차원으로 일반화한 좌표계를 흔히 카테시안 좌표계(Cartesian coordinate system)라 부른다. '카테시안'은 데카르트의 라틴어 이름인 '레나투스 카르테시우스'에서 유래한 것이다.
현실의 예로 지도상의 위도와 경도 개념 역시 해석기하학으로부터 도입된 개념이다.

| 참고 | 선의 교점 개수와 방정식 해의 개수와의 관계

해석기하학에서 어떤 두 도형의 교점, 교면 등 겹치는 영역은 그 두 도형의 방정식을 연립했을 때의 해와 연관이 많다. 특히 직선이나 곡선의 교점 개수는 방정식의 서로 다른 실수해의 개수와 같다.
예를 들어 다음의 세 경우를 살펴보자.

1)

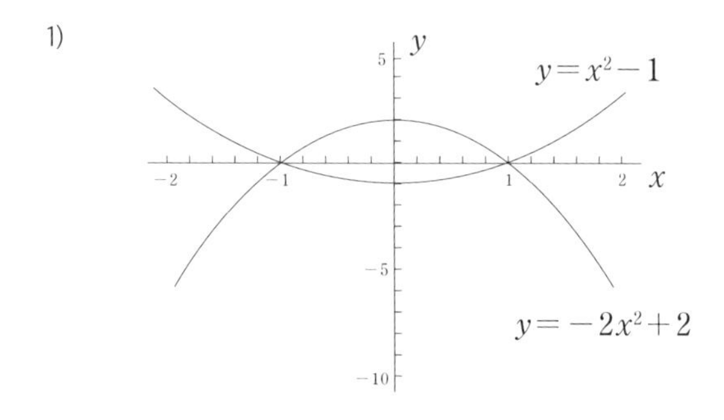

2)

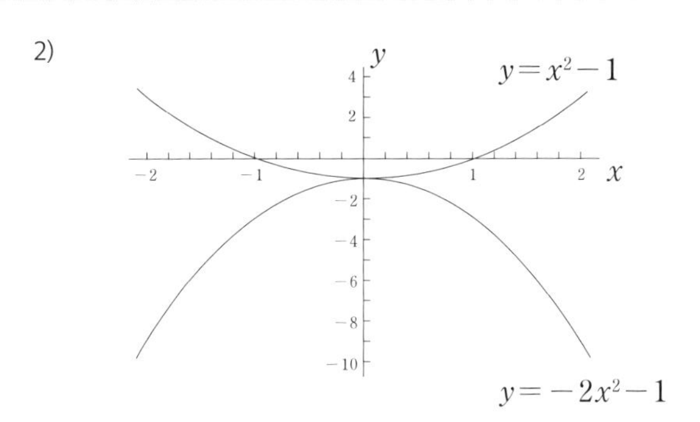

3)

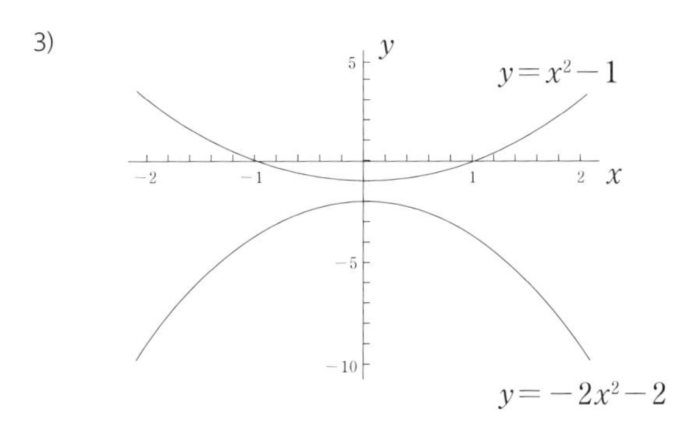

1)에서 두 곡선의 교점은 2개, 2)에서 두 곡선의 교점은 1개, 3)에서 두 곡선의 교점은 없다(0개)는 것을 관찰할 수 있다. 그리고 각 경우에 따른 두 곡선의 방정식 연립 결과는 다음과 같다.

$$1)\ \begin{cases} y = x^2 - 1 \\ y = -2x^2 + 2 \end{cases} \begin{aligned} &\Rightarrow x^2 - 1 = -2x^2 + 2 \\ &\Rightarrow 3x^2 = 3 \\ &\Rightarrow x = 1 \text{ 또는 } -1 \end{aligned}$$

$$2)\ \begin{cases} y = x^2 - 1 \\ y = -2x^2 - 1 \end{cases} \begin{aligned} &\Rightarrow x^2 - 1 = -2x^2 - 1 \\ &\Rightarrow 3x^2 = 0 \\ &\Rightarrow x = 0 \text{ (중근)} \end{aligned}$$

3) $\begin{cases} y = x^2 - 1 \\ y = -2x^2 - 2 \end{cases}$ $\Rightarrow x^2 - 1 = -2x^2 - 2$

$\Rightarrow 3x^2 = -1$

$\Rightarrow$ 실수해는 없다(불능).

에피소드 8

뉴턴 시대

Newton

주(主)

I.

"수잔!"

갑작스러운 큰 목소리에 난 화들짝 눈을 떴다.

"어우, 얘. 너 어제 밤새웠니? 전쟁이 나서 적군이 잡아가도 모르겠다 야."

내 주위 사람들이 웃는다. 여긴… 강의실. 파도바 대학. 앞에서 나를 부르신 분은 피스코피아… 엘레나 코르나로 피스코피아[1] 교수님.

아아, 무사히 또 시작된 거구나.

"수잔아!"

교수님의 목소리에 난 다시 한번 깜짝 놀랐다.

"정신 좀 차려. 정 졸리면 나가서 세수라도 하고 오든지. 얼른!"

---

1 엘레나 코르나로 피스코피아(1646년~1684년)는 베네치아의 철학가이자 수학자로, 문헌으로 확인된 최초의 여성 박사학위자로도 유명하다.

"아, 아뇨. 이제 정신 차렸어요. 죄송합니다, 교수님."

"네가 그렇게 조는 건 처음 본다, 얘. 무슨 병든 닭처럼. 왜 그래? 어젯밤에 잠 못 잤어?"

"아닙니다. 죄송해요."

교수님께서는 피식 웃으시고는 다시 수업을 이어가셨다. 기하학 수업이 한창 진행 중이었다.

곁눈질로 주변을 둘러본다. 학생들은 다들 삼삼오오 모여 앉아 수업을 듣고 있었고, 그들 중 몇 명은 나와 눈이 마주쳤다. 그러고 보니… 역시 수업을 함께 듣는 친구 하나 없이 혼자서 앉아있는 이는 내가 유일하다.

물론 너무나도 익숙한 광경이기에 동요할 것도 없지만, 어쩌면 그동안의 이런 내 주위 환경도 '그녀'가 의도했던 게 아니었나 생각이 들며 한편으로 야속한 마음이 든다. 기왕이면 나도 저 아이들과 같이 평범한 환경으로 점지해 주지. 충분히 그럴 수도 있었을 텐데 왜 매번 이처럼 특이해야만 했던 걸까.

Ⅱ.

가방에서 점심으로 챙겨온 빵을 꺼내 한입 베어 물었다. 딱딱하고 아무런 맛도 느껴지지 않는 빵. 수잔이란 이름으로 살아온 지금 삶에서는 그야말로 지겹도록 많이 먹은 음식이지만 새삼스레 목으로 넘어가지 않는다.

… 한번 시도해 볼까? 어쩐지 가능할 것 같은데.

먹고 있던 빵을 다리 위에 올려놓고서 지나다니는 사람들이 보지 못하게 왼손으로 빵을 살짝 가렸다. 그러고 나서 먹고 싶은 음식을 머릿속에 떠올려 보았다. 어째선지 서연이었을 적에 가끔 먹었던 햄버거가 떠오른다. 물론 버거킹 햄버거도 맛있었지만 역시 햄버거는 맘스터치의… 그래. 싸이버거. 그게 참 맛있었지. 시간이 많이 지나 어느덧 그 맛도 잘 기억나지 않고 생김새조차 가물가물하지만, 최대한 머리에 그림을 그리며 무릎에 놓인 빵에 투영해 보았다.

하지만 금방 될 것 같았던 자신감과는 달리 빵에는 아무런 변화도 일어나지 않았다.

두 눈을 감고 다시 집중해서 햄버거의 형상을 떠올려 보았다. 그러자 마침내 아래에서 아주 맛있는 냄새가 천천히 퍼져 올라왔다.

"와!"

두 눈을 뜬 나는 다시 한번 나의 신비한 능력에 놀라움을 금할 수 없었다. 진짜로 내가 생각했던 그 모습. 번 사이에 두툼한 치킨 패티와 양상추, 양파, 피클이 층을 이룬 햄버거가 빵 대신 내 다리 위에 놓여있다!

우습기도 하고 신기하기도 하고. 나는 혼자서 정신 나간 사람처럼 한참을 웃었다. 그리고 내 생각대로 만들어진 그 버거를 집어 들고선 한입 크게 베어 물어 보았다. 놀랍다. 치킨 패티의 기름기마저 내가 의도했던 대로다.

아, 그런데 맛이 좀… 아주 맛이 없는 건 아닌데 이게 진짜로 내가 원하던 그 맛은 아니다. 소스 맛부터 좀 이질적이고 치킨 패티 맛도 이게 맞나 아리송하다. 번은 꽤 유사한 것 같은데.

그래도 계속해서 참지 못할 미소가 흘러나온다. 이게 대체 얼마 만에 먹는 햄버거인지. 웃으며 버거를 먹고 있는 나를 지나다니는 몇몇이 이상하게 보며 지나갔다. 그들 눈에는 아마 내가 먹는 이 음식도 몹시 희한하게 보일 테지.

… 그나저나 이제는 뭘 하면 좋을까. 은우가 이 시대의 삶으로 덧씌워지기까지는 아직 시간이 꽤 많이 남았는데.

그녀는 세상에서 사라졌다. 이제 나의 행동에 제약을 걸 이는 존재하지 않는다. 여전히 나의 이 특이한 삶은 흘러가고 있지만, 그렇다고 해서 내가 애초부터 계획된 특이한 삶의 이야기대로만 살아가야 할 이유도 사라진 것이다.

이 시대의 유명한 수학자들이나 만나러 돌아다녀 볼까. 그동안은 행동의 제약으로 인해서 계획된 무대의 소수 몇 명만 만날 수 있었다지만, 이제는 나의 능력으로 하물며 나라나 대륙을 넘나드는 일도 별로 어려울 게 없으니까.

상상해 보니 꽤 재밌는 일이 될 것 같다. 문제는 내가 지금 시대의 정확한 연도도 모르고 어떤 유명한 수학자들이 정확히 어느 위치에 살고 있는지도 모른다는 점이다. 나의 공간 이동 능력으로도 생판 본 적 없는 모르는 사람의 위치로 이동하진 못하니까 말이다.

잠시 머리를 굴리다 보니 이내 좋은 생각이 떠올랐다. 피스코피아 교수님께 여쭈어보는 거다. 피스코피아 교수님께서는 평소에 교류하는 수학자들도 많다고 들었다. 분명히 내가 알법한 이 시대의 위대한 수학자들과 그들의 위치까지도 교수님께서는 알고 계실 테지.

먹고 있던 가짜 싸이버거를 마저 다 먹어 치우고서, 난 가벼운 마음으로 자리에서 일어났다.

Ⅲ.

"나랑 교류하는 수학자들? 그건 왜?"

"여행을 다닐까 하는데 기왕이면 그분들을 두루 만나 뵙고 지식도 넓히고 싶어서요."

"뭐? 갑자기? 그게 무슨 말이야 수잔아. 아직 학기도 한창인데. 얘가 무슨 바람이 들어서 이래?!"

안 그래도 커다란 피스코피아 교수님의 두 눈이 더욱 큰 원을 그렸다.

"부탁드려요, 교수님. 지금이 아니면 안 될 것 같아서 그래요."

"안 돼! 얘가 정신이 있는 거야 없는 거야? 여행 갈 거면 이번 학기 마치고 가든가 해."

"…"

"너 여행할 돈이나 있어?"

"네. 전부터 모아둔 돈이 좀 있어요."

"그럴 리가! 내가 네 사정을 다 아는데 무슨 소리야. 어디 뭐 동네 한 바퀴 여행 갔다 오려고?"

나는 어색하게 웃었다. 아무래도 내 생각이 너무 짧았다. 좀 더 그럴듯한 이유를 만들어 왔었어야 했는데.

"수잔. 너 무슨 딴생각 하고 있는 건 아니지? 이번 학기 마치면 내가 너 연구 주제 준다고 했던 것도 안 잊어먹은 거고?"

"네. 기억하고 있죠."

"알면서 그런 말을 하냐? 나 원 참."

피스코피아 교수님께서는 히파티아 선생님께서 그러셨던 것처럼 나를 평소 매우 아껴주신다. 본인께서 과거에 어렵고 힘들게 박사학위를 취득했던 만큼 나에게는 더 쉽고 빠른 길을 터주시겠노라 몇 번이고 말씀 해주신 터라, 이렇게 갑자기 내가 멀고 오랜 여행을 떠난다고 하면 반대하시는 게 어찌 보면 당연한 일일 테다.

한편으로는 안타깝다. 혹 여행이 아니더라도 얼마 뒤면 이 세상에서 사라지게 될 운명인 나를 본인의 애제자라 아껴주셨으니…

"아, 마침 잘됐다! 수잔. 너 온 김에 내 심부름 하나 좀 해줄래? 우편국 들러서 이거 좀 부쳐줘."

교수님께서는 책상 위에 세워진 서류들 사이에서 한 커다란 봉투를 꺼내 내게 내미셨고, 나는 두 손으로 그걸 받아서 들었다. 종이가 많이 들었는지 꽤 묵직했다.

"가장 빠른 배로 보내달라고 해. 비용은 학교로 청구하고. 알지?"

“네.”

대답을 하며 나는 무심결에 봉투에 쓰인 수신자 이름을 보았다.

기욤 드 로피탈

… 로피탈? 이름이 아주 익숙한데. 설마… ‘로피탈 정리[2]’의 그 로피탈?

“저기 교수님, 이 로피탈이라는 분, 혹시 수학자 아닌가요?”

“풋. 수학자는 무슨. 아직 얼치기 애기지. 이번엔 웬일로 괜찮은 논문을 보내왔는데. 보나 마나 그거 다른 수학자들이 대필해 준 걸걸? 서문부터 돈 주고 산 게 너무 티 나서 한참을 웃었다 내가.”

“아…”

뭔가 많은 사연이 숨겨져 있는 듯하지만, 어쨌든 여기 쓰여있는 로피탈이 수학과 밀접한 관련이 있는 사람이란 건 맞는 듯하다.

봉투를 갖고 연구실에서 나온 난 생각했다. 우편국에 들르는 게 아니라 그냥 내가 직접 이 주소로 찾아가 편지를 전해주기로. 마침 적혀있는 주소도 샤를롯이었던 시절에 한번 가본 적 있는 프랑스 파리였다. 물론 구체적인 위치를 아는 건 아니니까 지도를 하나 구해야겠지만.

---

2 로피탈 정리(l'Hôpital's rule)는 도함수를 통해 부정형의 극한을 구하는 정리다. 비록 우리나라 고등학교 정식 교육과정에는 등재되어 있지 않으나 시험문제 풀이에 유용하게 쓰여 대학생에게뿐 아니라 고등학생에게도 아주 유명하다.

IV.

'여기인 거 같은데.'

센강을 따라 봉투에 적힌 주소대로 찾아온 로피탈의 저택은 이 인근에서 가장 거대했다. 로피탈 후작[3]이라 적힌 화려한 정문 명패. 정문 너머 보이는 자로 잰 듯 반듯반듯이 정리된 정원과 높게 솟은 석상, 빼곡하게 장식이 된 인공호수는 단박에 이 집안이 무척 부유한 귀족 가문임을 알 수 있게 한다.

"누구 찾는 사람이라도 있습니까?"

아까부터 문밖에 서성이고 있던 나를 유심히 보고 있던 하인 하나가 말을 걸어 왔다.

"아 네. 기욤 드 로피탈 님을 뵈러 왔습니다. 혹시 계신지요?"

그는 의아한 눈빛으로 나를 아래위로 훑었다. 오기 전에 혹시나 싶어 내 능력으로 입고 있던 옷을 고급스럽게 변형했으나, 눈치를 보아하니 오히려 그게 더 역효과를 낸 모양이다. 하긴. 정말로 귀족이라면 이렇게 혼자서 다닐 리는 없을 테니까.

"아가씨가 누구시기에 우리 도련님을 찾으십니까?"

"파도바 대학의 엘레나 피스코피아 교수님이 보낸 사람이라 전해드리면 알 겁니다."

---

3 후작은 귀족의 작위 중 하나로 오등작(공작, 후작, 백작, 자작, 남작) 중 2위의 지위이다.

"오오! 그분 혹시 유명하신 분 아닙니까? 여자 교수님!?"

"네 아마 생각하는 그분이 맞을 거예요. 잘 아시나 보죠?"

"뵌 적은 없지만, 알다마다요. 이 시대의 살아계신 위인 아닙니까! 들어오십시오. 하하. 안내해 드리겠습니다."

그의 안내를 따라서 난 곳곳에 재밌는 형태의 오브제가 놓인 정원을 지나 저택의 현관에 들어섰다. 검은 대리석 바닥과 공들인 티가 나는 기하적 무늬의 채색 벽지가 산뜻한 느낌을 주는 공간이었다.

"여기 앉아서 잠시만 기다려 주십시오."

그는 하트모양의 등받이를 한 안락의자를 내 앞으로 가져다 놓은 후, 빠른 걸음으로 저택의 2층으로 올라갔다.

벽에 걸린 우아한 액자들, 여러 예술품, 탁자 위에 놓인 다양한 게임 도구들. 샤를롯이던 시절에 내가 머물던 페르마의 집과는 너무나 다른 분위기 덕에 의자에 앉아 기다리면서도 주위를 둘러보는 재미가 쏠쏠했다.

기다린 지 십여 분 정도의 시간이 지나, 마침내 아래로 내려오는 발걸음 소리가 들려온다. 이내 아까 올라갔었던 하인과 함께 로피탈의 모습이 보였다. 언뜻 봐도 훤칠한 키에 곡선형의 깔끔한 녹색 복장이 그의 다부진 실루엣을 더 돋보이게 했다. 게다가 무척 잘생긴 외모는 덤이었다.

난 앉아있던 자리에서 일어나 그를 맞았다.

"이거. 귀한 손님을 기다리게 해드려 너무 죄송합니다. 지루하셨죠? 제가 기욤 프랑수아 앙투안 드 로피탈입니다. 그냥 편하게 기욤이라고 불러주세요. 하하."

"연락도 없이 갑자기 방문해서 죄송합니다. 수잔이라 불러주세요. 피스코피아 교수님의 편지를 전달해 드리러 왔습니다."

나는 가져온 두툼한 편지 봉투를 그에게 내밀었다.

"이야… 칼같이 답장을 보내주셨네요. 놀랍습니다, 정말. 그나저나 혼자 오신 거예요? 그것도 직접?"

"네. 여행도 할 겸. 사실 교수님께서는 제가 여기 온 줄 모르십니다. 혹시라도 알리지는 말아주세요."

"아니, 여자분 혼자서 그 먼 거리를 오셨다고요? 맙소사… 도중에 위험한 일이라도 당하진 않으셨고요?"

"후훗, 그랬다면 제가 이렇게 오지도 못했겠죠."

로피탈은 놀라움 반 웃음 반의 표정으로 입을 떡 벌리고선 내 얼굴을 뚫어져라 쳐다보았다. 어쩐지 그와 눈을 마주하기가 부담스러워진 나는 그에게서 시선을 돌렸다.

"아! 일단 앉으시죠. 커피 좋아하세요? 아니면 초콜릿 차?"

"음… 초콜릿 차요."

그는 하인에게 손짓을 해 내보내고선 나와 탁자를 사이에 두고서 마주 앉았다.

"정말이지 놀랍네요. 수잔 님이라 했죠? 원래 이렇게 혼자서 잘 다니시나 봐요?"

"네. 그런 편이에요."

"어떻게 그게 가능하죠? 생기신 것도, 아, 이상하게 듣진 말아 주시고. 괜히 하는 소리가 아니라 정말로 무척 예쁘셔서 못된 남자들이 절대 가만두지를 않을 거 같은데."

그의 말에 난 웃음이 나왔다.

"걱정해 주시는 마음은 고맙지만 제 한 몸 지킬 정도의 호신술은 익혀두어서 괜찮습니다."

"네? 호신술도 하신다고요?! 와우… 아니. 아무리 그래도 남자들이 진짜로 마음먹고 달려들면 위험할 텐데."

그의 말에 뭐라고 더 맞장구 치기가 애매하여 나는 입을 다물고 미소만 지어 보였다.

잠시 뒤 하녀가 커피와 차를 갖고 와 우리 앞에 두었다.

"고마워. 가서 쉬어."

인사하고 돌아서는 하녀와 난 눈이 마주쳤다. 그녀는 내가 어떤 사람인지 무척 궁금해하는 눈치였으나 그 외의 별다른 행동은 하지 않고 그대로 걸어 나갔다.

로피탈은 내게 차를 권하고선 자신도 커피를 한 모금 마셨다. 난 가볍게 묵례를 하고서 차를 입에 가져다 댔는데, 초콜릿 차라고 하여 달콤한 맛이 날 줄 알았지만, 무척 씁쓸한 맛이었다.

"그래서, 여기 파리엔 얼마나 머무실 거예요?"

그는 커피잔을 탁자에 내려놓으며 물었다.

"딱히 계획이 있진 않습니다. 여행이라 말씀드렸지만, 관광이 목적이 아니라 사람을 만나는 게 목적이라서요."

"사람이요? 어떤 분인지 여쭤봐도 되겠습니까?"

"여기에 온 건 기욤 님을 뵙고 싶어서예요. 기욤 님께선 수학자가 맞으시죠?"

"아, 저를요? 핫하하! 네 그렇죠. 이번에 논문 출간도 앞두고 있으니까요."

역시. 내가 제대로 찾아온 게 맞는 듯하다. 고등학생 때 즐겨 쓰던 로피탈 정리의 창시자를 이렇게 마주하게 되다니. 또다시 느껴지는 간지러운 기분이다.

"어떤 주제에 대한 논문인지 여쭤 봐도 될까요? 궁금하네요."

"네? 하하! 설마 수잔 님께서도 수학자시라던가… 아니죠?"

"왜요? 이상한가요?"

"아니, 여성분들께선 보통 수학을 안 좋아하시니까. 수잔 님은 딱 보면 예술이나 문학 쪽일 것 같이 생기셨는데?"

"…"

"아, 결코 나쁜 의도로 드린 얘긴 아닙니다. 오히려 칭찬으로 드린 얘기에요. 너무 예쁘시니까요."

피스코피아 교수님께서 얼치기 얘기라고 표현하신 게 이런 면 때문인 걸까. 잠시나마 들떠있던 내 마음이 일순간에 가라앉는 듯하다.

"아이고. 제가 아무래도 말실수를 했나 보네. 미안해요, 화 풀어요. 수학 이야기를 꺼내는 여성분을 실제로 본 것도 처음이라 반가워서 그런 겁니다."

"미안해하실 건 없습니다. 만약 피스코피아 교수님께서 들으셨다면 화를 내셨을지도 모르지만요. 수학을 좋아하는 마음은 남자나 여자, 노인이나 아이, 동양인이나 서양인 구분할 거 없이 그저 개개인의 성향에 따른 문제일 뿐이라고도 답해 주셨을 겁니다."

"아, 네… 그거야 그렇죠. 사실은 그 말씀이 정확하죠. 하하…"

로피탈은 그의 아랫입술을 잘근거리며 안절부절못했다. 내가 괜한 얘기를 한 걸까. 나까지 덩달아 민망해진다. 이런 얘기를 하려고 여기 온 건 아닌데.

"저기 그… 기욤 님께서 출간을 앞두셨다는 논문 내용을 다시 여쭤 봐도 될까요?"

"아, 아아! 네. 물론이죠. 제목은 '곡선의 이해를 위한 무한소 분석'입니다…만."

순간 내 마음속에선 와 하는 탄성이 흘러나왔다.

"아주 흥미로운 제목이네요. 어떤 내용들이 담겨 있나요?"

"네?"

"실례가 되지 않는다면 어떤 식으로 전체 내용을 구성하셨는지 좀 듣고 싶어서요. 가능할까요?"

"와, 하하! 수잔 님은 정말 놀라운 분이네요! 이거 갑자기 제가 작아지는 기분인데요?"

"네? 갑자기 무슨 말씀이신지…"

"내용까지 물어보실 줄은 생각도 못해서요. 아, 이거 어쩌지?"

그는 자기 머리를 만지작거렸다. 왜 저러는 걸까. 어차피 곧 출간될 논문이라면 그냥 말해 준다 해도 크게 문제 될 건 없지 않나.

"출간 때까지 비밀을 유지해야 하는 내용인가 보군요? 그렇다면 제가 괜한 요구를 드린 거네요. 신경 쓰지 않으셔도 됩니다."

"아, 아뇨! 딱히 그런 건 아닌데…"

"?"

두 손을 깍지 끼고 앉은 그의 다리가 유난히 떨린다. 다리를 떨면 복이 나간다는 어른들의 말씀이 왜 이 순간에 떠오르는 걸까.

"아!"

갑자기 그의 다리 떨림이 멈췄다.

"수잔 님, 혹시 내일은 뭐 하세요? 오늘 이후에 꼭 어디 가셔야 한다든지?"

"아까도 말씀드렸다시피 딱히 어떤 계획을 세우고 온 건 아니에요. 근데 왜 그러시죠?"

"아아! 그러면 아예 제가 내일 논문을 보여드리는 게 어떨까요? 수잔 님께서 정말로 그 내용이 궁금하시다면요. 제가 원본을 준비해 놓을 테니까."

"논문 원본을요? 그렇게까지… 뭐, 그래 주신다면야 저야 감사하죠. 내일 언제쯤에 오면 되나요?"

"어디 뭐 가실 데 딱히 있는 게 아니라면 오늘 아예 저희 집에서 하루 묵고 가시죠? 집에 빈방도 많으니까 어디든 맘에 드시는 방으로 고르시면 되는데."

"네? 아, 아뇨 괜찮습니다. 기욤 님의 호의엔 감사하지만, 신세를 끼쳐드리고 싶진 않아서요. 마침 오면서 보니 이 인근에 여관도 많던걸요. 전 어디에 묵어도 괜찮습니다."

"아휴. 그런 말씀 마세요. 멀리서 오신 손님을 동네 여관방에서 주무시게 놔뒀다는 말이라도 돌면 제 체면은 뭐가 됩니까? 이따가 저녁도 아주 맛있게 대접해 드릴 테니까 하루 맘 편히 푹 쉬다 가세요. 핫하. 아예 여기서 며칠 머물고 가셔도 좋고요."

나는 어찌해야 할지 몰라 대답을 망설였다.

"제발요. 수잔 님. 요새 강도들도 많아서 여자분 혼자 여관에 머무는 건 너무 위험합니다. 아! 혹시 피스코피아 교수님 때문에 그러시는 거면 걱정 마시죠. 비밀로 해드릴 테니까."

난 그의 거듭되는 요구에 결국 마지못해 알겠다는 답을 했다.

동년의 재력가

I.

"점심이 준비되었습니다. 후작께서 모셔 오라 하셨습니다."

"벌써요? 네. 곧 나가겠습니다."

로피탈의 집에서 이틀째다. 어제저녁은 그가 호언장담했던 대로 배불리 대접받았지만, 고기와 야채가 곁들어진 아침 수프도 먹은 지 몇 시간 되지 않은 터라 이제는 정말로 속이 얹힐 것만 같다.

아침 동안에 시간이 여유로웠던 난 시험 삼아서 내가 가진 능력으로 시간 이동을 시도해 보았다. 처음 능력이 발현된 계기도 어떤 이유에서였는지는 알 수 없으나 과거로의 시간 이동이었던 만큼, 이리저리 시도하다 보면 가능하지 않을까 싶어서다. 만약 공간 이동뿐 아니라 시간 이동까지 가능하다면 정말 많은 일을 할 수 있을 테니까. 하물며 2000년대의 한국으로 넘어가서 다시 서연으로서의 삶을 살 수도 있을 테고.

하지만 결국은 실패했다. 도저히 '자연스럽게' 시간 이동을 하는 상상이 되지 않았기 때문이다. 마치 자전거를 처음 탈 때처럼 어떠한 계기가 있어서 내 능력이 트이게 된다면 모를까.

물론 애초부터 시간을 다룬다는 건 불가능의 영역일지도 모른다.

안내하러 온 하녀를 따라 1층에 있는 식당에 들어섰다. 바둑판무늬의 타일이 바닥에 깔려있고, 술의 신 디오니소스와 사냥에 관한 회화 및 조각들이 주위 벽으로 둘러싸인 공간이었다.

커다란 테이블의 주인 자리에는 이미 로피탈이 앉아서 날 기다리고 있었다. 그리고 그 옆엔 연배가 좀 더 되어 보이는 낯선 사내도 앉아있었다. 저 사람은 누굴까?

"오셨네요. 하하. 여기 이 자리로 앉으세요. 수잔 님."

로피탈의 안내에 따라서 난 그 낯선 남자의 건너편 자리에 마주 앉았다.

"인사 나누시지요. 먼저 이쪽은 파도바 대학에서 수학을 공부하시는 수잔 님입니다. 그리고 이분은 저의 수학 사부이신 요한 베르누이 님입니다."

"네!? 베르누이 님이시라고요? 이분께서요?"

나의 놀란 얼굴을 보더니 베르누이라 소개된 남자는 너털웃음을 터뜨렸다.

"젊은 분께서 저를 아시나 봅니다? 아니면 저의 집안을 아시는 건가."

"베르누이란 성함을 여러 번 들어 알고 있거든요. 만나 뵈어 정말 영광입니다."

"껄껄껄. 베르누이는 가문 명이지요. 제 이름은 요한입니다.[1]"

"아… 그럼 요한 님이라 부르면 되나요?"

"그러시지요. 듣자 하니 수학을 하신다고요?"

"네. 실력은 미약하나 좋아해서 틈틈이 공부하고 있습니다."

"좋아한다고요? 수학을?"

"네."

베르누이는 무척 기분 좋은 표정으로 다시 웃음을 터뜨렸다.

"기욤 요 녀석이 모처럼 유익한 여성분을 알게 된 모양입니다. 스승으로서 부디 잘 부탁드립니다."

"아뇨. 저와 기욤 님은 아무 사이도 아닌데…"

"껄껄. 아니면 아닌 대로 부탁을 드리는 겁니다. 지난 2년간 이 아이를 지도해 봤지만, 스승이 부족해 여태 알려주지 못한 걸 수잔 님께선 이미 갖고 계시니까요."

나는 뭐라 답을 해야 할지 몰라 조용히 로피탈의 눈치를 살폈다.

"그러면, 파도바 대학에선 주로 어느 분께 지도를 받고 있습니까?"

베르누이의 물음이 이어졌다.

"엘레나 코르나로 피스코피아 교수님이 저의 지도교수셔서 주로 그 분의 교습을 받고 있습니다."

"허어, 아주 훌륭하신 스승님을 두고 계시군요. 저도 피스코피아 교

---

1 베르누이는 스위스의 귀족 가문으로, 야콥 베르누이, 요한 베르누이, 다니엘 베르누이 등 근대 초기에 수학과 물리학의 발전에 크게 기여한 8명의 학자를 배출한 가문으로 유명하다.

수님과는 일전에 몇 번 서신을 주고받은 적이 있지요."

우리가 대화를 나누는 사이 하나둘 들어오던 음식들은 어느덧 테이블 위를 가득 채우고 있었다.

"사부님, 수잔 님. 식사하시면서 얘기 나누세요. 음식 다 식겠습니다. 하하."

어제저녁만큼이나 화려한 만찬이다. 나도 남들처럼 대식가였다면 참 좋겠다는 생각이 들 만큼.

Ⅱ.

식사를 모두 마친 후 로피탈의 침실과 가까운 서재로 안내를 받았다. 원탁을 중심으로 등받이가 둥글고 편안한 안장이 갖춰진 의자에 각자 둘러앉았고, 곧 우리 앞엔 음료가 담긴 잔들이 놓였다. 그리고 마침내 우리가 모인 직접적인 이유가 대화 주제에 등장했다.

"사부님. 사실 어제 수잔 님께서 저희의 논문… '곡선의 이해를 위한 무한소 분석'의 내용을 궁금해하셨습니다."

"호오, 그래?"

음료를 마시던 베르누이의 두 눈이 커졌다.

"예. 그래서 오늘 또 마침 사부님이 방문하시는 날 아닙니까? 수잔 님을 제가 하루 붙잡아 두고 있었죠. 하하."

"이런, 이런. 보아하니 아직도 논문 숙지가 덜 된 게로구나."

"아, 아뇨! 사부님. 핫핫하. 이거 수잔 님이 오해하시겠네요."

"오해는 무슨. 지금 나더러 이 아가씨께 너 대신 논문 내용을 설명해 달라는 거 아니니?"

"아휴… 사부님. 좀…"

로피탈은 몹시 당황하며 베르누이에게 아양을 부렸다. 아하. 이제야 상황이 어떤 건지 제대로 눈에 들어왔다. 피스코피아 교수님께서 '대필'이라 말씀하신 이유도 이러한 뒷사정을 이미 다 꿰뚫어 보고 하신 말씀이었구나.

"수잔 님은 미분에 대해 알고 있습니까? 만약 제가 논문 내용을 훑어 드린다고 해도 미분에 대한 이해가 없으면 알아듣기는 곤란할 겁니다."

"네. 어느 정도는 알고 있어요."

"그래요?"

베르누이는 내 답에 다시 껄껄 웃더니 마시던 찻잔을 탁자 위에 천천히 내려놓으며 말을 이었다.

"그럼, 제가 물어보아도 되겠습니까? 수잔 님이 알고 계신 미분이란 뭔지를."

갑작스럽기는 했지만 나는 차분히 내 생각을 정리하여 답했다.

"순간 변화율입니다. 그게 시간이 대상이라면 찰나의 속도를 말하는 것이고, 곡선이 대상이라면 접선의 기울기를 말하는 것이죠."

일순간 우리 사이에는 정적이 흘렀다. 로피탈은 의자 한편에 몸을 기댄 채 자신의 스승을 쳐다보았고 베르누이는 심중을 알 수 없는 표정으로 그저 나를 가만히 응시하고 있었다.

이 시대에서 내 답이 틀린 답은 아니었을 테다. 극한의 개념이 등장한 건 아마도 지금보단 더 뒤의 일일 테니까.

"참으로 묘한 답입니다. 그 답은 수잔 님의 겁니까?"

오랜 정적을 깬 베르누이의 물음이다. 순간적으로 난 그 물음의 의도를 파악하지 못해 어리둥절했다.

"명쾌한 답이지요. 순간 변화율. 이건 마치 뉴턴 국장님과 라이프니츠 관장님께서 서로 손을 맞잡고 놓은 답이라고나 할까."

그의 말에서 내 귀를 뜨이게 한 단어는 '뉴턴'과 '라이프니츠'였다. 정확히는 베르누이가 그 둘을 부른 호칭이었다. 마치…

"요한 님! 방금 뉴턴 국장, 라이프니츠 관장이라 하셨나요? 설마 그들을 아시는, 아니, 그들이 지금 이 시대에 아직 살아있단 말인가요?!"

그는 고개를 살짝 뒤로 빼며 답했다.

"당연한 말씀을 하시는군요. 어디 딴 세상에라도 다녀오신 겁니까?"

난 다시 가슴이 두근거리기 시작했다. 뉴턴과 라이프니츠라니?!

"호오라. 보아하니 피스코피아 교수님께서는 다른 수학자 얘기를 잘 안 해주시나 봅니다. 아무리 그래도 미분을 다룰 땐 이야기하셨을 터인데?"

"아…"

오랜만에 실수를 했다. 수잔인 지금의 나는 사실 미분을 배운 적이 없다. 교수님과 사적인 얘기를 많이 주고받는 사이도 아닌지라 그 둘에 대한 별도의 얘기도 들은 기억도 없고 말이다.

그러니 베르누이의 눈에는 내 물음이 무척이나 이상하게 들렸을 테지.

"사부님. 뉴턴과 라이프니츠가 손을 잡은 답이라고요? 방금 수잔 님의 답이 그렇게 대단한 답이었습니까?"

오른손에 턱을 기대고 비스듬히 앉아 그동안 우리의 대화를 가만히 듣고만 있던 로피탈이 끼어들었다.

"대단한 답이다마다. 그러니 내가 다시 여쭙는 게 아니냐? 그게 본인의 답인지, 아니면 스승의 답을 되뇐 거뿐인지 말이다."

아, 그런 의미로 물은 거였구나.

"그럼 좀 더 풀어서 답변을 드려도 될지요?"

논문 내용은 둘째치더라도, 우선 뉴턴과 라이프니츠의 정보를 알기 위해서라도 지금은 베르누이와 더 가까워질 필요가 있겠어.

내 말에 베르누이는 별다른 말 없이 자신의 옆에 있는 종이와 펜을 내 앞으로 밀어주었다.

"아이작 뉴턴의 궁금증은 움직이는 물체에 대한 파악이었습니다. 나무에서 떨어지는 사과를 그 비유로 들었고요. 가령 사과가 땅에 부딪힐 때의 운동량 같은 것을요. 그리고 뉴턴은 이를 알기 위해선 사과의 질량과 속도를 알아야 한다고 생각했어요."

“사과의 질량은 천칭[2]으로 측정하면 그만이지만 문제는 속도였죠. 만약 사과가 떨어진 높이가 $10m$고 땅에 닿기까지 2초가 걸렸다고 한다면, 보통은 사과의 속도를 1초당 $5m$, 즉, $5m$/초라 답할 거예요.”

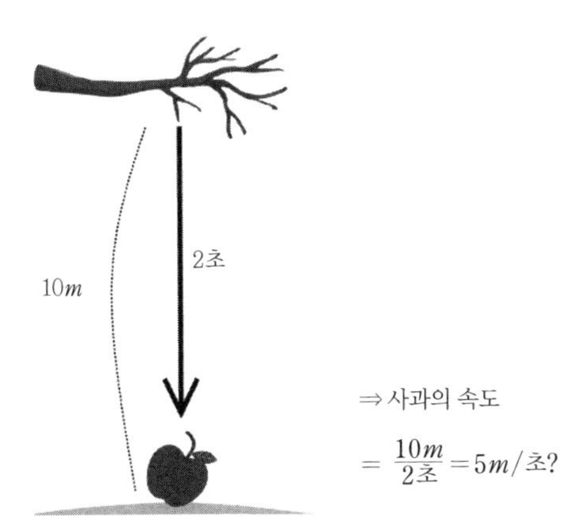

2 지레의 원리를 이용해 물체의 질량을 측정하는 기구.

“하지만 떨어지는 사과는 지면에 가까워질수록 점점 더 속도가 빨라진다는 사실이 이미 밝혀졌어요. 따라서 땅에 닿는 순간 사과의 속도는 분명하게 5*m*/초보다 빠를 겁니다.”

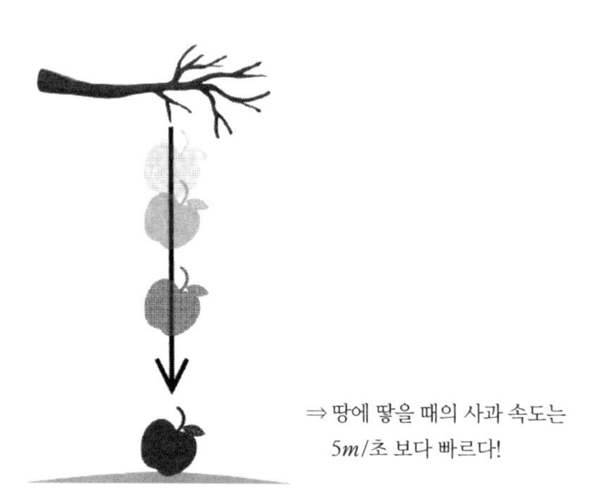

“이내 뉴턴은 깨달았을 겁니다. 사과가 땅에 닿는 순간의 속도를 기존의 속도 정의로써는 도저히 표현할 수 없다는 사실을요. 기존의 속도 정의란 위치가 변한 정도를 이동한 시간으로 나누는 거였지만, 아무리 짧은 시간에 대해 측정한다고 해도 사과가 땅에 닿는 순간의 속도에는 미치지 못하니까요.”

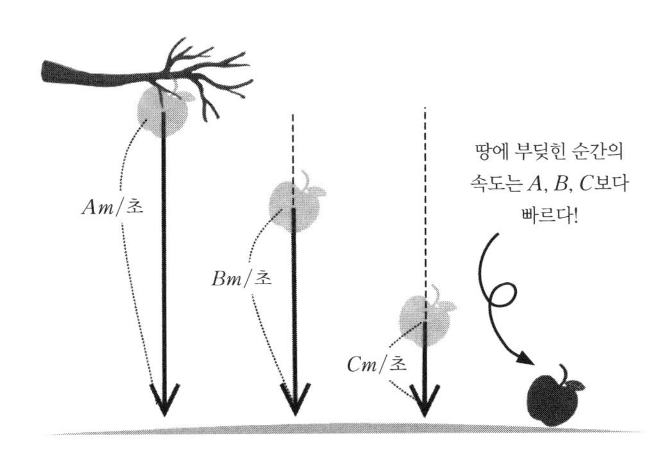

"따라서 뉴턴은 기존의 속도와는 다른, 새로운 속도의 정의가 필요했어요. '찰나의 속도'라는 새로운 개념이 등장한 거죠."

난 여기까지 설명하고 잠시 분위기를 살폈다. 베르누이는 입을 오므리고 팔짱을 낀 채 내가 그린 그림을 응시하고 있었고, 나와 눈이 마주친 로피탈은 웃음을 지어 보였다.

"참 쉽게 설명하십니다. 어린 분에게 이렇게 놀라는 건 저의 예전 제자 이후로 처음이군요."

베르누이의 말이다.

"에이 사부님. 여자분이라고 너무 띄워주시는 거 아닙니까?"

"어허, 모르는 소리. 동네 어린애들도 한번 들으면 다 이해할 만한 설명 아니니? 척 보면 외워서 읊는 게 아니라 속에서부터 우러나온 얘기란 것을… 너도 좀 보고 배워라, 야."

로피탈은 겸연쩍은 표정을 지으며 입을 닫았다.

"자아… 그럼 우리 수잔 선생님. 뉴턴 국장님 말고 라이프니츠 관장님의 접근 방식도 한번 설명을 부탁드려도 되겠습니까?"

너스레 섞인 베르누이의 권유에 나는 잠시 설명 방향을 갈무리한 후, 말을 이었다.

"라이프니츠는 임의의 곡선 위 한 점에서의 접선 방정식을 연구했습니다. 이는 피에르 님… 수학자 페르마가 앞서 연구한 접선 이론과 본질적으로 동일하죠. 핵심은 접선의 기울기이고요."

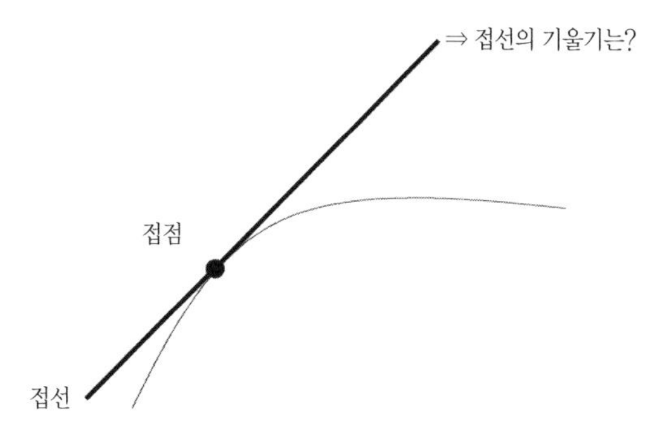

"라이프니츠 역시 곤란했을 겁니다. 기존의 직선 기울기 정의 방식에서는 반드시 서로 다른 두 개의 점의 위치, 또는 좌표평면에서 x의 변화량과 y의 변화량에 대한 정보가 필요했으니까요."

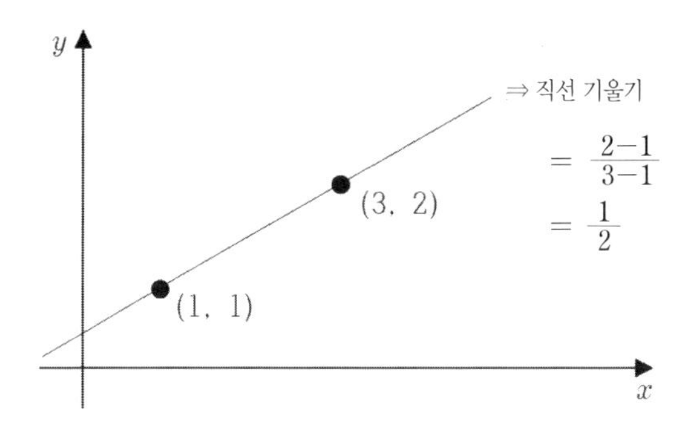

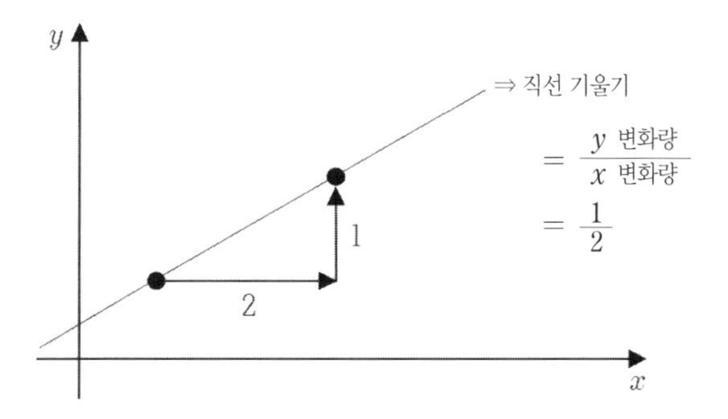

"하지만 접선의 경우엔 우리가 알 수 있는 정보가 접점의 위치 하나밖에 없습니다. 접점과 가까운 또 다른 점을 곡선에서 택한다 해도, 일반적으로 접선의 기울기와는 다른 기울기를 구하게 되죠."

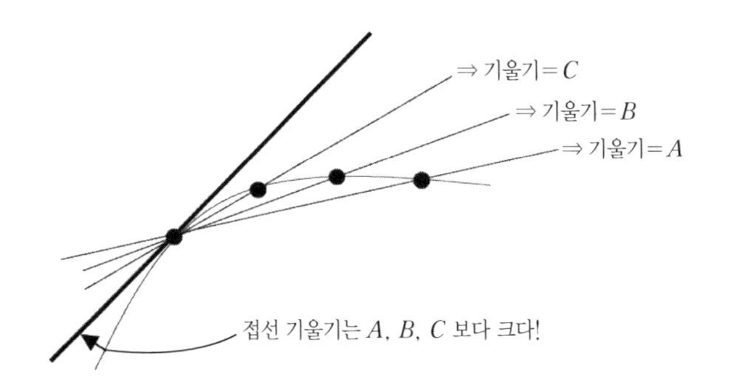

"따라서 라이프니츠는 기존의 기울기와는 다른, 새로운 기울기의 정의가 필요했어요. 한없이 작아서 더 이상 작아질 수 없는 '무한소 변화량'이란 새로운 개념을 도입한 거죠. 접점과 한없이 가까운 점을 생각해도 되고요."

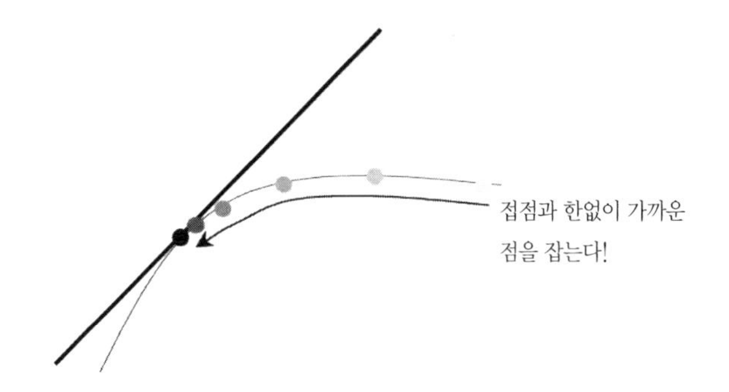

"그런데."

나는 말을 잠시 멈추고 다시 둘의 반응을 살폈다. 이제 설명의 막바지이기 때문이다.

베르누이는 팔짱을 끼고서 여전히 진지한 모습이었고, 로피탈은 또다시 나와 눈이 마주쳐 장난스러운 표정을 지어 보였다. 이해를 못 한 것 같지는 않다. 하긴. 출간을 앞두었다는 그 논문이 애초에 미분을 주제로 하는 논문이라 했었지.

"뉴턴의 '순간 속도'와 라이프니츠의 '접선 기울기'는 본질적으로 동일한 개념이라 아우를 수 있어요. 순간 속도는 $\frac{\text{변위}}{\text{시간}}$에서 시간이 무한소인 경우이고 접선 기울기는 $\frac{y\ \text{변화량}}{x\ \text{변화량}}$에서 x변화량이 무한소인 경우로, 둘 다 '무한히 작은 어떤 값에 대한 변화율'이라는 개념을 공유하니까요. 그래서 이들을 아우르는 개념으로 '미분'이라는 새 용어가 등장한 거예요. 저는 이걸 '순간 변화율'이라고도 부르는 거고요."

나는 설명이 끝났다는 의미로 펜을 조용히 탁자 위에 내려놓았다.

"… 저보다 나으십니다. 이렇게 간단명료하게 설명을 하다니."

베르누이는 특유의 호탕한 웃음을 터뜨렸다.

"이거 이제 보니 피스코피아 교수님께서 새로운 괴물 수학자를 키우신 모양입니다!"

그는 의자에 등을 기대고서 한참을 더 웃었다.

Ⅲ.

“뉴턴 국장님과 라이프니츠 관장님이 계신 곳 말입니까?”

논문을 가져오기 위해 로피탈이 잠시 자리를 비운 동안, 나와 베르누이는 이런저런 대화를 나누는 중이다. 방금은 마침내 내가 뉴턴과 라이프니츠의 소재지에 관해서 물어본 참이다.

“네. 요한 님께서는 어쩐지 그 두 분을 잘 알고 계신 듯해서요.”

“잘 알기야 합니다만. 피스코피아 교수님도 두 분과 연락하고 지내는 사이이실 텐데요.”

“그… 저에겐 다른 수학자분들 얘기를 잘 해주지 않으시거든요.”

물론 이는 거짓말이다. 아직 뉴턴과 라이프니츠에 관한 이야기를 들을 기회가 없었을 뿐.

“허어… 수잔 님 같은 우수한 학생은 일찍부터 넓은 세계를 경험하는 게 좋은데. 그에 대한 피스코피아 교수님의 지도 방향이 선뜻 공감되지 않는군요.”

어쩐지 거짓으로 교수님을 험담하는 분위기라 교수님께 죄스러운 마음이다. 하지만 어쩔 수 없다. 내게 주어진 시간이 무한정 있는 게 아니니.

“뉴턴 국장님은 잉글랜드 런던의 란트리산트 지방 로얄민트 조폐국에서 일하십니다. 거기로 서신을 보내면 되지요. 라이프니츠 관장님은 신성로마제국 니더작센 볼펜뷔텔에 있는 헤르조그 아우구스트 도서관에 계십니다.”

난 순간 낯설고 너무 긴 명칭들에 당황했다. 그 모습을 본 베르누이는 껄껄 웃더니 종이에 손수 주소지를 적어 내게 주었다.

"조심하십시오. 알고 계신지 모르지만, 두 분은 지금 사이가 몹시 안 좋으니까요. 혹시라도 서로에 대해서는 언급을 일절 안 하시는 게 좋을 겁니다."

모를 수 없는 유명한 일화다. 미적분학의 진정한 창시자가 누구인지에 대한 길고 긴 논쟁. 단순히 둘 간의 문제가 아니라 국가 간의 신경전으로까지 양상이 커져 무려 백 년 넘는 세월 동안 지속이 되었다고 알고 있다. 그 장대한 수학사의 현장을 곧 내 두 눈으로 목격할 수 있다고 생각하니 설렘을 주체할 수 없다.

"아참. 요한 님."

"?"

"아까 잠깐 언급하신 예전 제자분. 요한 님을 놀라게 하셨다는 그분은 또 누구인가요?"

그는 내 물음에 피식하고 웃었다.

"어떤 분이라기엔 아직 어린아이입니다. 후에 돌아가면 제대로 가르쳐 보고 싶은, 빛나는 잠재력을 지닌 원석 같은 꼬마지요."

말하는 베르누이의 표정이 한껏 밝아지는 게, 대체 그 아이가 누군지. 혹시 내가 알만한 수학자는 아닐지 몹시 궁금해진다.

"그 아이의 이름을 알려주실 수 없나요?"

어린아이의 이름까지 묻는 내가 당연히 이상해 보일 법도 하지만, 베르누이는 잠시 뜸을 들이다 이내 다시 입을 열었다.

"하긴. 잘만 성장한다면 수잔 님의 귀에 그 아이의 이름이 들릴 날도 머잖아 올 테지요. 그 아이의 이름은 레온하르트 오일러입니다."

나는 순간 내가 잘못들은 줄 알았다. 하지만 모든 정황이 맞아떨어짐을 느끼며 내 머리끝부터 전신으로 소름이 쫙 번졌다.

레온하르트 오일러! 내가 서연이었을 적부터 가장 존경하는 수학자로 늘 꼽는 수학계의 성인聖人이다!

"그, 그분은 지금 어디에 계신가요!?"

"레온라흐트 말입니까? 다시 말씀드리지만 꼬마입니다. 수잔 님과 수학으로 소통하기엔 아직 10년은 이르지요. 허허허."

"…"

답답하다. 어떻게 해야 자연스럽게 오일러의 소재지를 물을 수 있는 걸까.

하지만 천만다행으로 이런 내 마음을 읽기라도 한 건지, 나를 보던 베르누이는 다시 입을 뗐다.

"레온하르트의 아버지인 바울 오일러는 스위스 리헨에 있는 성 베드로교회의 유명한 목사입니다. 그는 제 형님이신 야코프 베르누이의 제자이기도 하고요. 정 궁금하시다면 교회로 편지를 보내보시지요. 제 이름을 대면 아마 답장을 보내올 겁니다."

스위스 리헨. 베르누이의 말을 듣는 순간 내 다음 목적지는 바로 그곳으로 정해졌다. 아직 어린아이라곤 하지만, 그분을 나의 눈과 기억에 담을 수만 있다면 내게 이보다 더 큰 영광이 또 있을까? 처음으로 나의 이 이상한 삶이 고맙다는 생각마저 드는 순간이다.

베르누이가 불러주는 대로 뉴턴과 라이프니츠의 주소가 적힌 종이에 오일러의 주소까지 받아 적는 중, 복도에서부터 이쪽으로 다가오는 발걸음 소리가 들려온다. 논문을 가지고 온 로피탈이었다.

"무슨 얘기들 나누고 계셨어요? 수잔 님께서는 뭔가를 적고 계시네요?"

그는 가져온 논문을 탁자 위에 올려놓았다. 얼핏 보아도 200쪽은 훌쩍 넘어 보이는 책이다.

"봐 보세요. 궁금해하셨으니."

자리에 앉은 로피탈은 논문을 내 앞으로 내밀었다. '곡선의 이해를 위한 무한소 분석'이란 글귀가 표지에 크게 쓰여있었다.

난 표지를 넘겨 목차를 보았다. 총 10개의 장으로 구성되어 있는데, '무한소 미분'이란 단어가 얼핏 보아도 거의 모든 장의 제목에서 언급되고 있었다.

제1장. 무한소 계산을 위한 규칙

제2장. 곡선의 접선 기울기를 구하기 위한 무한소 미분의 이용

제3장. 극대와 극소를 찾기 위한 무한소 미분의 이용

제4장. 변곡점과 뾰족점을 찾기 위한 무한소 미분의 이용

제5장. 곡률 중심의 궤적을 찾기 위한 무한소 미분의 이용

제6장. 반사되는 빛의 자취를 찾기 위한 무한소 미분의 이용

제7장. 굴절되는 빛의 자취를 찾기 위한 무한소 미분의 이용

제8장. 주어진 곡선의 포락선을 찾기 위한 무한소 미분의 이용

제9장. 전이 방법에 의존한 몇 가지 문제의 해결

제10장. 기하적 곡선을 다루는 새로운 무한소 미분 이용법

흐름을 보아하니 제1장부터 제5장까지가 일반적인 이론 전개고, 제6장부터 제9장까지는 이를 사례로 적용하는 내용인 듯하다. 마지막 장은 향후 연구할 방향의 청사진이겠고. 내용 구성에서부터 이 논문이 참 알차다는 감상이 들었다.

그리고 뭣보다 내가 서연이었을 적에 공부했던 미적분의 진한 향수가 느껴지는 반가운 용어들이 눈에 띄었다. 극대와 극소, 변곡점, 뾰족점, 게다가 곡률까지… 전부 고등학생 때 배우고 공부했던 내용들이다.

물론 생소한 용어들도 보인다.

"제8장에서 언급된 포락선이란 게 뭔가요?"

베르누이는 로피탈을 쳐다보았다. 로피탈은 너스레를 떨며 자신의 스승에게 답을 부탁했다. 베르누이는 한숨을 쉬듯 짧게 웃은 후에 답했다.

"특정 곡선 무리 모두에 접하는 곡선을 포락선이라 불렀습니다. 예를 들면 이런 거지요."

그는 펜을 집어 종이 위에 그림을 그렸다.

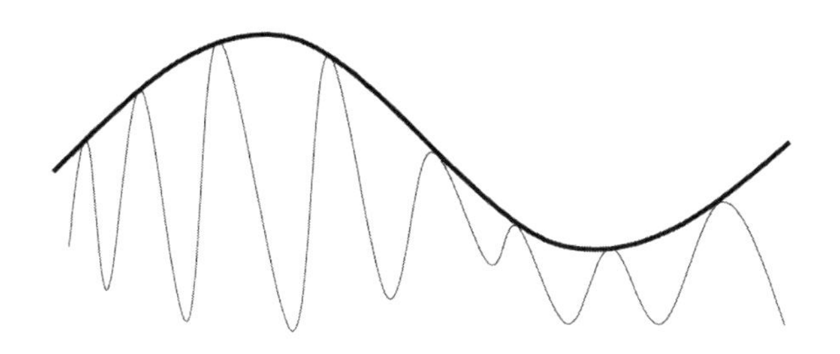

“아하, 마치 곡선 무리를 감싸고 있는 듯한 모양이라 포락선이라 한 거군요?”

“허허. 그렇지요.”

“제9장에서 언급한 전이 방법이란 건 뭔가요?”

“음. 그건 한마디로 설명하긴 어렵지만, 특수한 분수식의 값을 무한소 미분을 이용해 구하는 방법이다… 라고 이해하면 될 듯합니다.”

“특수한 분수식이요?”

베르누이는 잠시 대답에 뜸을 들이더니 딴청을 부리듯이 허공을 보며 말했다.

“아마도 이 자리에는 수잔 님과 저만 있는가 봅니다. 이 논문의 저자로 등재될 또 다른 사람이 있는 것도 같은데, 입 구멍이 막힌 건지…”

로피탈이 나와 자신의 스승을 번갈아 쳐다보다 능청스레 웃었다.

“아하하! 부족한 제자가 어찌 감히 사부님의 가르침에 끼어들겠습니까?”

“그럼, 네가 대신 답해 볼래? 방금 수잔 님의 물음.”

“예?! 아… 그게… 질문이 뭐, 뭐였죠?”

"전이 방법을 쓰는 상황!"

로피탈은 자기 스승의 다그치는 듯한 큰 목소리에 움찔했다.

"그… 분자와 분모가 모두 양수 $x=a$에서 상쇄될 때…"

"뭐로?"

"0이나 무한으로…"

"또. 조건은?"

"아아 그게… 분명히 다 외웠었는데."

로피탈은 표정을 찡그리며 자기 옆머리를 긁었다. 그 모습을 보고 베르누이는 고개를 들며 긴 한숨을 내쉬었다.

하지만 난 방금 말을 듣고서 번뜩이는 바가 있었다. 빠르게 제9장을 펼친다. 책장을 넘기다 보니 한 분수식이 눈에 들어왔다.

$$y=\frac{\sqrt{2a^3x-x^4}-a\sqrt[3]{a^2x}}{a-\sqrt[4]{ax^3}}$$

방금 로피탈은 분명 '양수 $x=a$에서'라는 말을 했었다. 이를 이 분수식에 대입하면,

$$\frac{\sqrt{2a^3x-x^4}-a\sqrt[3]{a^2x}}{a-\sqrt[4]{ax^3}} \xrightarrow{x=a} \frac{\sqrt{2a^3a-a^4}-a\sqrt[3]{a^2a}}{a-\sqrt[4]{aa^3}}$$

$$=\frac{\sqrt{2a^4-a^4}-a\sqrt[3]{a^3}}{a-\sqrt[4]{a^4}}$$

$$=\frac{\sqrt{a^4}-aa}{a-a}$$

$$=\frac{a^2-a^2}{0}$$

$$=\frac{0}{0}$$

역시! 제9장에서 '전이 방법'이라 부른 건 '로피탈 정리'를 일컫는 거였어.

로피탈 정리란 $\frac{0}{0}$ 꼴이나 $\frac{\infty}{\infty}$ 꼴과 같이 간추려진 형식만으로는 그 값을 확정할 수 없는 분수식의 극한값을 미분을 이용해 구하는 정리다. 물론 단순히 $\frac{0}{0}$, $\frac{\infty}{\infty}$ 꼴이라 해서 항상 적용 가능한 건 아니고 몇 가지 조건이 더 따른다. 그 때문에 비록 수능이나 학교 시험에서 나오는 대다수의 문제에는 이 로피탈의 정리를 이용한 편법적인 빠른 풀이가 가능하지만, 이를 저격하여 출제자가 문제에 함정을 파놓을 수도 있으니 조심해서 써야 한다고 학원 선생님이 알려주신 기억이 난다.

잠깐만. 그런데… 이게 '로피탈' 정리라고?

문득 내 앞에서 아랫입술을 잘근거리며 난감한 표정을 짓고 있는 로피탈과, 그 모습을 한숨 쉬며 바라보고 있는 베르누이의 모습이 보인다. 나도 모르게 피식 웃음이 나온다. 아무리 봐도 이 광경을 봐서는 로피탈 정리가 아니라, '베르누이' 정리라 명명하는 게 맞을 것 같다.

하긴. 이 논문에서는 이를 '전이 방법'이라고 소개하고 있으니 아마도 로피탈 정리라 불리기 시작한 건 먼 후대의 일일지도. 왜 그렇게 되었는지는 모르지만.

"괜찮습니다. 당장 궁금했던 건 해소 되었어요. 감사합니다."

난 나 때문에 싸해진 분위기를 풀기 위해서라도 일부러 큰소리 나도록 논문을 덮었다. 곧 둘의 시선이 내게로 향했다.

"해소가 되었다고요?"

베르누이의 말이다.

"네. 일단은 논문에 어떤 내용이 있는지 대략적으로만 궁금했던 거니까요. 기대 이상으로 아주 흥미로운 논문인 것 같네요."

"그 말인즉슨, 방금 목차만 보시고서 이 전체 내용이 개략적으로 그려졌다는 얘깁니까?"

"네. 어느 정도는요."

둘은 놀라는 시선을 주고받았다.

"아니, 수잔 님. 설마 이 내용들을 미리 다 알고 계셨어요? 아니지. 그럴 리는 없는데?"

로피탈의 말이다. 난 그저 미소로 답했다.

"그, 그럼, 변곡점이 뭡니까? 극대, 극소는요? 정말로 아시면 한번 답해보시죠?"

"어허, 기욤!"

"왜요, 사부님. 본인께서 방금 아신다고 하셨으니 묻는 거잖아요?"

베르누이는 자기 제자를 더 핀잔하려다 말고 날 보았다. 그도 내심 내 말이 진짜인지 아닌지 확인하고픈 눈치였다.

난 펜을 들어 종이 위에 곡선을 그렸다.

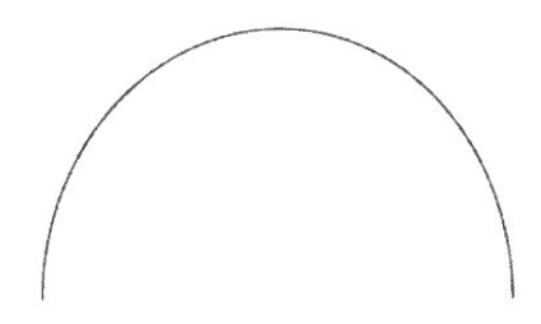

"이 책에선 라이프니츠의 미분, 즉 곡선에 접하는 접선 기울기를 주요 대상으로 삼았으니, 저도 접선 기울기를 이용해 설명해보도록 할게요."

난 곡선에 두 개의 접선을 그었다.

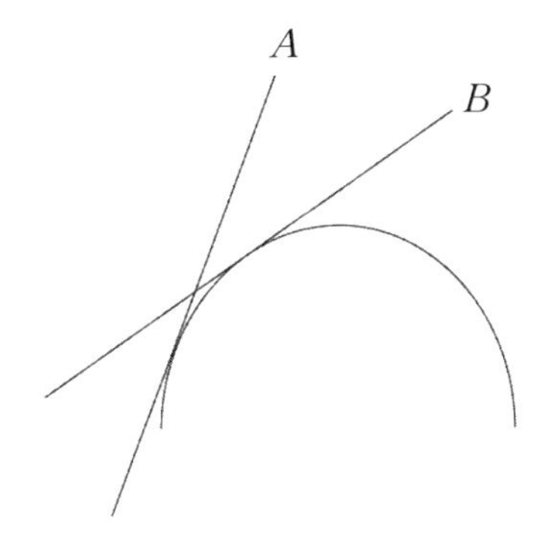

"접선 A와 접선 B의 기울기를 비교해 보면 A가 우상향으로 더 가파릅니다. 즉 기울기가 양의 값으로 더 큽니다. 왼쪽에서 오른쪽으로 접점의 위치가 변함에 따라 기울기는 점점 작아지죠. 그리고."

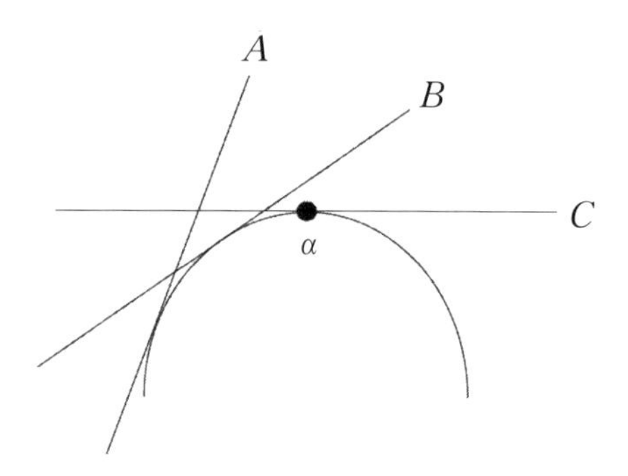

"접점이 α가 되는 순간, 접선 C의 기울기는 0이 됩니다. 이 점 α가 바로 곡선의 극대점입니다. α보다 더 오른쪽에서 접점을 잡으면 이제 곡선의 기울기는 음수 값을 갖죠. 즉, 우하향합니다."

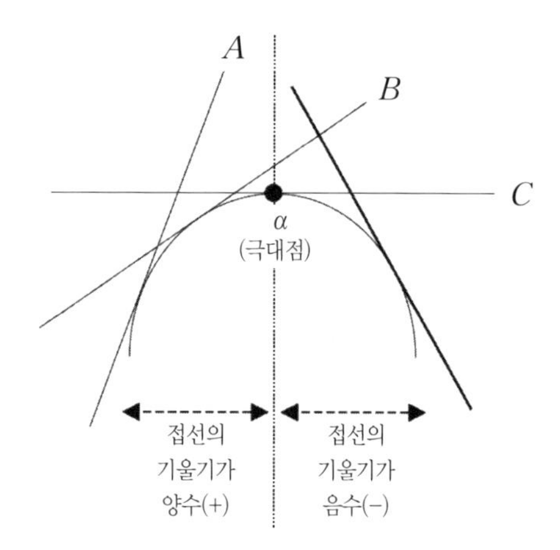

"접점이 왼쪽에서 오른쪽으로 옮겨감에 따라 접선 기울기는 양수에서 음수로 점점 작아진다는 결론이죠. 하지만 곡선이 아래로 볼록하면 상황은 그 반대가 됩니다. 극소점인 β를 기준으로 왼쪽에선 기울기가 음수인 접선이, 오른쪽에선 기울기가 양수인 접선이 생성되죠. 즉, 접점이 왼쪽에서 오른쪽으로 옮겨감에 따라 접선 기울기는 음수에서 양수로 점점 커집니다."

난 더 부연 설명 없이 종이 위에 그림을 그려 나갔다.

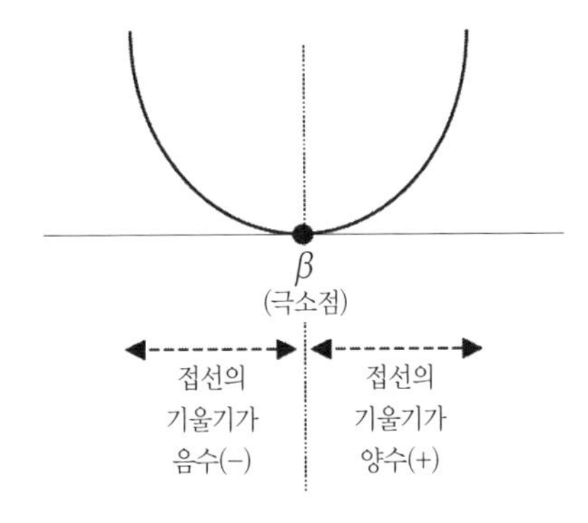

"이제 이 둘을 붙여서 이런 곡선을 그리면 이렇게 정리할 수 있습니다."

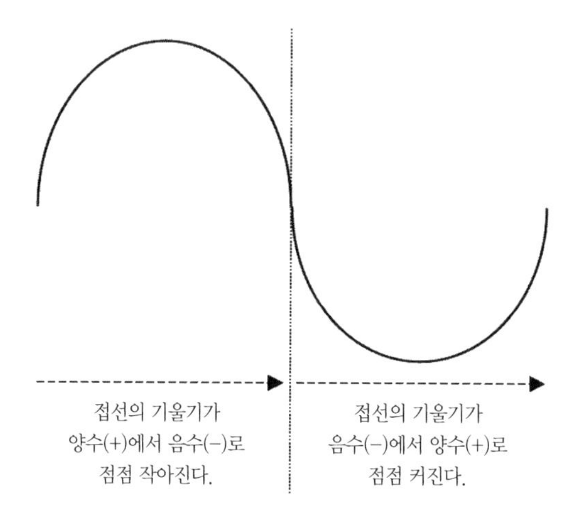

"그리고 이 경계가 되는 점을 변곡점이라 부릅니다. 즉, 굴곡의 방향이 변하는 지점이죠."

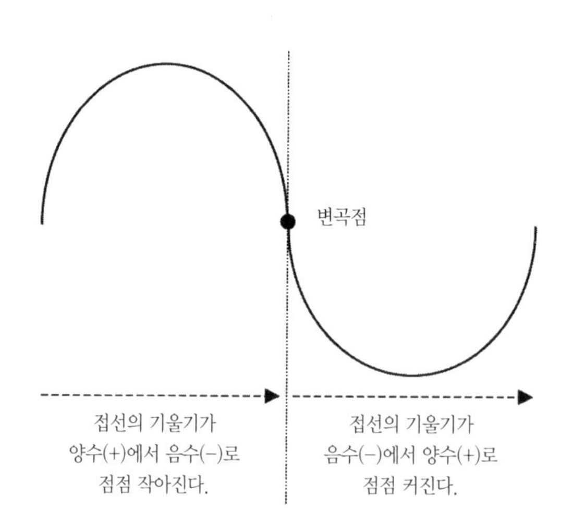

"변곡점이 무엇인지, 극대와 극소가 무엇인지를 물으셨죠? 일단 제 설명은 끝이에요."

난 펜을 탁자 위에 내려놓았다.

IV.

"수잔 님. 잠시 들어가도 될까요?"

로피탈의 목소리다. 난 그가 내어준 방에서 논문을 정독하는 중이었다.

"네. 들어오세요."

문을 열고 들어온 그는 오른손을 어색하게 뒷짐 진 상태였다. 마치 무언가를 뒤에 숨긴 모양새다.

"무슨 일이시죠?"

"아, 그게… 일단 아까 낮에 보여주신 수잔 님의 지식엔 다시 한번 말씀드리지만, 무척 감동했습니다."

"후훗. 이제는 부담스럽습니다. 아까 두 분께서 이미 민망할 정도로 칭찬해 주셨으니까요."

"그것도 그렇지만, 설명의 간결함도 예사 수준이 아니시던데요? 대체 무슨 교육을 어떻게 받으신 건지."

"… 그게 궁금하셔서 이 밤에 방까지 찾아오신 건가요?"

그는 쭈뼛거리며 멋쩍게 웃었다. 무슨 말을 하고 싶은 걸까.

"뒤에 감추고 계신 건 뭔가요?"

"아, 이거요? 사실 이걸 드리려고 온 건데요. 하하."

"?"

로피탈은 뒷짐 지고 있던 손을 앞으로 꺼냈다. 웬 종이 여러 장이 들려 있었다.

"잠시 앉아서 얘기 좀 해도 될까요?"

내가 뭐라 답을 하기도 전에 그는 씩 웃더니 벽 쪽에 놓인 의자를 끌고 와서 내 앞에 앉았다.

"음… 수잔 님께서 어떻게 들으실지는 모르지만, 일단 저는 큰 호의로 드리는 얘기란 걸 알아주세요."

"뭔데요?"

"집을 대충 보셔서 아시겠지만, 제가 돈이 꽤 많습니다."

난데없는 그의 말에 난 고개를 살짝 갸웃했다.

"저는 몇 해 전부터 제가 가진 많은 돈을 유력한 수학자들께 나눠드리고 있거든요. 그분들이 연구에만 전념하실 수 있도록 말이죠."

"와. 훌륭한 일을 하시는 군요 그런데 왜 갑자기 제게 그런 얘기를…"

"단도직입적으로 말해서. 저는 수잔 님도 후원해 드리고 싶습니다."

"네? 저를요?"

그의 갑작스러운 제안에 난 몸을 뒤로 살짝 뺐다.

"예. 혹시 지금까지 출간한 논문이 있으세요?"

"아니요."

"앞으로 수학은 계속하실 거죠?"

"네. 그거야 그렇죠."

그는 자기 무릎을 탁 소리 나게 쳤다.

"그럼 됐습니다. 완벽하네요!"

그는 씩 웃으며 내게 가져온 종이 더미를 내밀었다.

"이 아래에 서명 하나만 해주세요. 그럼, 제가 매년 수잔 님께 300리브르를 지급해 드리겠습니다."

"네!? 그런 큰돈을요?"

"저에겐 그만한 가치가 있는 일이니까요. 하하하."

난 일단 그가 내민 서류를 받았다. 그의 서명은 이미 되어있었다. 매년 300리브르면 풍족하게까지는 아니라도, 굳이 다른 일은 하지 않고도 살아갈 수 있는 많은 금액이다.

"어째서죠?"

"네?"

"대체 저의 무엇을 믿고 이런 호의를 베푸시는 건가요?"

"수잔 님께선 본인이 얼마나 대단한 사람인지 잘 모르시나 봐요? 피스코피아 교수님이 어디 폐관 수련이라도 시키셨던 건가?"

로피탈은 미소 지으며 말을 이었다.

"저에게 살면서 전율을 안겨 준 인물이 딱 두 명 있습니다. 그게 누군지 알아요? 한 명은 바로 제 사부님입니다."

"…"

"그리고 다른 한 명이 바로 그쪽이거든요, 수잔 님. 장담컨대 제가 지난 2년간 사부님에게서 느꼈던 전율을 다 합친 것보다 오늘 수잔 님에게서 느낀 전율이 더 클 겁니다. 게다가 수잔 님께선 저와 동년배시잖아요? 세상에 사부님께서 근래 연구한 내용을 미리 다 파악하고 있던 제 또래는 아마 수잔 님밖에 없을걸요? 그런데도 저의 제안이 경솔하다고 보십니까?"

"… 어떻게 들리실진 모르겠지만."

"?"

"세상엔 저보다 뛰어난 분이 많습니다. 하물며 제 지도교수인 피스코피아 교수님도요."

"아! 알죠. 그러니까 제가 교수님께 논문 추천사도 부탁드린 거 아니겠습니까? 하하. 그런데 말이죠, 수잔 님. 저는 현재가 아니라 앞으로의 가능성에 더 무게를 두는 겁니다."

아하, 내가 심부름했었던 그 봉투가 바로 이번 논문의 추천사를 담았던 거였구나.

"무슨 말인지 아시겠죠? 그러니까, 제가 드리는 호의 부담 갖지 말고 받으세요. 자."

그는 서류를 쥔 내 손을 덥석 잡았다. 나는 화들짝 놀라서 손을 뺐다.

"하, 하하! 아이고 이거. 제가 여성분에게 실례를 했네요! 안심하시라는 거였지 다른 의도는 아니었습니다. 정말."

"…"

"아… 이거 아무래도 제가 바로 서명을 받아 갈 분위기는 아니네요.

그죠?"

그는 자기 머리를 만지작거리다 돌연 자리에서 일어났다.

"내일 아침까지 서명해 주시면 제가 공증 처리해서 떠나시기 전까지 드릴 테니까, 일단 쉬면서 생각해 보세요. 그럼, 내일 아침에 뵙겠습니다."

씩 웃고서 방을 나가는 그의 뒷모습을 난 아무 말 없이 그저 보기만 했다.

V.

어차피 하지 않을 계약이다. 나에게 돈은 필요하지 않으니까.

다만 로피탈이 건넨 계약서 내용을 호기심 삼아 유의 깊게 읽어보던 중 아무래도 꺼림칙한 조항이 있기에, 그것에 관해서 물어보기 위해 난 아직 이 집에 남아있다. 아니었다면 어젯밤에라도 떠났을 거다.

"자, 그럼, 후원 얘기를 다시 좀 해볼까요? 어떻게. 결정은 하셨습니까?"

식사를 마치고 함께 응접실로 온 그는 의자에 앉자마자 기다렸다는 듯이 내가 기다린 얘기를 꺼냈다.

"네. 호의에는 다시 한번 감사드리지만, 정중히 거절하려고요."

"에?!"

그는 마시려던 커피를 퐙하고 뿜었다.

“왜… 왜요? 혹시 액수가 적어서 그러시는지?”

“아뇨.”

“그러면 왜? 정 불편하시면 그냥 제가 드리는 장학금이다 생각하고 받으세요. 다만 우리 수잔 님께서 워낙 뛰어난 학생이시니까 ‘장학금이 연금으로 지급되는 거다.’ 이렇게 생각하시면 되겠네.”

“그런 문제는 아닙니다. 수학자가 귀족의 후원을 받아서 연구하는 일이 드문 게 아니라는 사실도 알고 있고요. 다만 조항 하나가 마음에 걸리더군요.”

“… 어떤 거가요?”

“‘새롭게 발견한 사실들에 대하여 다른 사람에게 알리지 말고 로피탈에게만 알려준다.’라는 조항이요.”

능청스러운 미소를 유지하던 그의 표정이 돌연 굳어졌다.

“그 조항은 자칫 이 시각 이후로 제가 연구할 모든 수학 이론의 소유권이 로피탈 님에게 귀속되는 것이라고 해석할 수도 있는데. 로피탈 님께선 이 사실을 인지하고 계셨나요?”

그는 아무런 대답 없이 가만히 있다가 웃음을 터뜨렸다.

“이야! 조항을 하나하나 아주 꼼꼼하게 보셨네요. 그런 세심함이 바로 수잔 님의 남다른 성장 동력이려나요?”

“…”

“솔직히 잘 기억나지 않습니다. 워낙 오래전에 쓸 일이 있어서 제 법률 자문인이 작성해 준 걸 이름만 바꿔서 드린 거라. 뭐… 그냥 저의 수학적 호기심이 짓궂을 정도로 심하다 정도로 이해해 주시면 되지 않을까요?"

"수학적 호기심이요?"

"새로 나온 수학 이론을 그 누구보다 빨리 보고 싶은 마음. 그리고 남들한테 아무나 막 보여주고 싶지는 않은 마음. 그런 제 마음을 자문인이 알아서 써놓은 거죠, 뭐."

"그럼, 이론의 소유권에 관한 명확한 조항이 추가로 있어야 올바를 것 같습니다. 살펴보았는데 그런 내용은 따로 없더군요."

"아휴… 우리 수잔 님. 너무 깐깐하시다! 그런 거야 당연히 상식으로 넘어가는 거죠. 세상이 거기에 적힌 조항들 하나하나 다 따지면서 굴러가는 줄 아십니까? 말씀드렸잖아요. 목적은 어디까지나 수잔 님의 연구 후원이라는 걸요. 그 종이에는 매년 초에 300리브르 지급이라고 적혀 있었죠? 과연 제가 정말로 수잔 님께 딱 그만큼만 드릴 거 같나요? 천만의 말씀!"

"… 그럼?"

"무슨 행사라도 있으면 쓰시라고 더 보내드리고, 좋은 논문 쓰시면 수고금도 보태 드리고! 당연히 이따금 이렇게 만나기라도 하면 이미 경험하셨다시피 온갖 산해진미 다 원하는 만큼 내어드리고요. 또, 어디 여행이라도 하고 싶으시면 그 지역의 제 별장들도 내어드리죠. 이런 것들은 거기에 하나도 다 안 적혀있잖아요?"

"…"

"이런 겁니다. 계약서란 건 말이죠. 그냥 수잔 님께서도 저와의 이런 관계에 동의한다는 의사표시인 거예요."

머리가 복잡해지는 게, 왠지 내가 괜히 여기에 남아 불필요한 얘기를 꺼낸 건 아닐까 싶다.

"안 그래도 오후에 자문인에게 집에 들르라는 연락을 보내놨으니까, 이따 오면 한꺼번에 진행해 버리죠. 나쁜 생각 마시고요. 제가 진짜 좋은 기회 드리는 겁니다."

여기까지 말한 그는 마시던 커피를 탁자에 내려놓더니 자리에서 일어났다.

"수잔 님. 날씨도 좋은데 저랑 정원 좀 걸으실까요? 생각해 보니까 제가 여태 집 정원 구경도 안 시켜드린 거 같은데. 처음 보면 재밌는 거 많거든요."

내가 머뭇거리자, 그는 내가 마시던 잔을 뺏어 탁자에 내려놓더니 손을 내밀었다.

"어서요. 이 좋은 날에 괜히 심각한 생각 마시고."

결국 난 치맛자락을 털며 자리에서 일어났다.

"아뇨. 전 이만 떠나겠습니다. 그동안 감사했습니다."

"네?"

"후원은 다른 수학자분들께 양보하겠습니다. 저는 받을 자격이 안 돼요."

그는 갑작스러운 나의 행동에 말문이 막혔는지, 큰 눈을 껌벅이며 날 쳐다보기만 했다.

나는 그대로 그를 뒤로한 채 응접실을 걸어 나왔다. 그러다가 문득 짚이는 바가 있기에, 뒤돌아서 멍하니 바닥을 보고 있는 그에게 물었다.

"로피탈 님. 아까 그 계약서. 분명히 오래전에 쓸 일이 있어서 만드신 거라 했었죠?"

"…"

"혹시 쓸 일이 있었다는 그 계약 대상. 요한 베르누이 님이었나요?"

그의 시선이 날 향했다. 우리는 그렇게 한참을 아무 말 없이 시선만 주고받았다. 끝내 난 그에게서 어떠한 답도 들을 수 없었다.

어린 아이

I.

‘리헨의 성 베드로교회는 여기밖에 없는 듯한데.’

난 베르누이가 알려준 대로 오일러의 아버지가 목회 활동을 하고 있다는 교회에 와있다.

“처음 보는 자매님이시네? 어떻게 오셨어요?”

내가 문 근처에서 서성이고 있는 걸 봤는지, 어떤 인상 좋은 아주머니께서 말을 걸어 왔다.

“안녕하세요. 여기가 오일러 목사님이 계신 교회 맞나요?”

“예. 잘 찾아오셨는데. 어쩐 일로?”

“목사님을 뵙고 싶어서 왔어요. 요한 베르누이 님의 소개로 왔다고 전해주실 수 있을까요?”

“요한 베르누이요? 그게 누구시지?”

아주머니는 미소 지은 얼굴로 고개를 한번 갸웃하셨다.

“일단 안으로 들어오세요. 밖에 계시지 말고.”

난 아주머니의 안내를 따라 교회 안으로 들어갔다. 넓은 공간에 긴 의자가 나란히 놓여있고, 좌우로 아치형 기둥이 받친 2층 석도 보인다.

"지금은 노방전도를 나가서 사람들이 모두 없어요. 한 시간만 일찍 오셨어도 좋았을 텐데. 우리 교회는 처음이시죠?"

아주머니께서는 입구 옆에 비치되어있던 종이 하나를 집어 내게 건네셨다.

"이거 교회 주보인데 하나 받으세요. 혹시 예수님은 믿는 분이세요?"

어떤 대답을 해도 말이 길어질 듯한 질문이다. 나는 일부러 교회 이곳저곳을 두리번거리며 딴청을 피웠다.

"호호. 아 맞다! 목사님을 찾아오셨다고 그랬지? 이리 따라오세요."

그녀는 2층의 한 방 앞으로 나를 안내했다. 그리고 문을 두드렸다.

"목사님. 손님이 오셨는데요"

"예. 들어오세요."

중후한 목소리가 안에서 화답했다. 우린 문을 열고 안으로 들어갔다. 곳곳에 놓인 화초가 눈에 띄는 방 안의 책상에 앉은 한 남자가 사람 좋은 미소를 띠며 우릴 맞이했다.

"처음 뵈는 분인 거 같은데, 누구? 저를 찾아오셨습니까?"

"네. 안녕하세요, 목사님. 저는 요한 베르누이 님의 소개로 온 수잔이라고 합니다."

"베르누이 님이요? 오오! 반가운 손님이시군요. 이리 와 앉으시죠. 권사님. 커피 두 잔 좀 부탁할게요."

"네, 목사님."

나를 데려온 아주머니, 권사님은 방을 나갔다. 오일러 목사는 책상 앞의 원탁 자리로 날 안내했다.

"베르누이 님은 잘 지내고 계시지요? 2년 전쯤에 파리로 가신다는 말씀 이후로 영 소식을 듣지 못했는데."

"아, 네. 지금은 파리의 로피탈 후작 가문에서 수학을 가르치고 계십니다."

"로피탈 후작 가문이라고요? 이야… 대단한 집안에 계시네요! 그럼, 이제 스위스로는 영영 안 돌아오신답니까? 허허."

"아마 머지않아 오실 것 같아요. 제게 레온하르트 님 얘기도 했고, 돌아오면 열심히 가르쳐 보고 싶으시다는 말씀도 하셨거든요."

"아아, 제 아들 녀석이요? 그러잖아도 가시기 전에 베르누이 님께서 레온하르트를 참 많이 귀여워해 주셨는데. 허허. 예전 생각이 나네요."

그는 기분 좋은 웃음을 터뜨렸다.

아마도 요한 베르누이는 로피탈의 불공정 계약 조항을 모르고 있을 거다. 그렇다면 로피탈의 이번 논문이 정식 출간되는 때가 곧 로피탈과 베르누이의 인연이 끝나는 때가 될 테지. 내 예상이 맞는다면 베르누이가 여기로 돌아오는 때도 대략 그 시점이 되지 않을까 싶다.

"수잔 님이라 했나요? 베르누이 님과는 어떤 관계이기에 제 얘기를 듣고 또 교회에까지 오신 겁니까? 혹시 제가 뭐 도와드릴 거라도 있는 건지요?"

"깊은 관계는 아닙니다. 다만 로피탈 후작의 집에서 만나 얘기를 나누던 중, 레온하르트 오일러 님의 이야기를 듣고서 호기심이 생겼거든요. 마침, 이 근처에 올 일도 있어서 직접 뵙고자 교회에 방문한 거예요."

"제 아들을요? 허허. 무슨 얘기를 들으셨길래…"

"수학에 뛰어난 재능을 가진 분이라 들었습니다."

그때, 방을 나갔던 교회 권사님이 커피를 들고 들어왔고 잠시 우리의 대화는 끊어졌다.

방 안 가득 향긋한 커피 향이 퍼졌다. 나는 사양하지 않고 커피를 입에 한 모금 크게 머금었다.

"레온하르트를 보여드리는 거야 어렵지 않죠. 그런데, 수잔 님은 뭐 하시는 분인지 실례가 아니라면 여쭤 봐도 되나요?"

그는 커피잔을 빙글빙글 흔들며 물었다. 당연히 나왔어야 할, 당연히 대답해야 할 질문이다. 나는 오면서 준비해 온 대로 답했다.

"파도바 대학에서 수학을 공부하는 사람입니다. 지금은 식견을 넓히고자 여러 나라를 다니고 있고요."

"오호. 수학을 공부하신 분이로군요. 파도바 대학이라면 베네치아의 명문 학교 아닙니까? 어쩐지… 그렇다면 이해가 되네요. 베르누이 님과의 관계나 제 아들 녀석에 대해 궁금해하시는 거나."

그의 표정이 한껏 밝아졌다.

"그럼 혹시 제 아들을 보시고서 상담을 좀 부탁드려도 될까요? 나이에 비해 실제로 어느 정도 수준인 건지. 앞으론 어떤 식으로 교육해 나가야 할지. 아비로서 사실 답답한 게 많습니다. 허허."

"후훗. 제가 감히 그래도 될지는 모르겠지만. 아는 선에서 궁금하신 건 답변드리겠습니다."

"좋습니다. 이제 보니 베르누이 님께서 귀한 손님을 보내 주셨군요. 제가 직접 집에 모셔다드리겠습니다. 여기서 잠시만 기다리고 계십시오."

그는 다시 그 사람 좋은 미소를 지어 보이고선 자리에서 일어났다.

Ⅱ.

오일러의 집은 교회에서 마차로 십여 분 거리에 있었다. 집 구조가 좀 특이했는데 1층은 돌벽으로 지어진 창고였고, 2층부터 지붕까지는 나무로 지어진 주거 공간이었다. 따로 방 구분은 없는 넓은 거실, 그 벽 한 가운데의 깔끔한 벽난로가 인상적이었다.

"어? 아빠다!"

창가 쪽에서 놀고 있던 세 명의 아이 중 남자아이가 바울 오일러를 보고 외쳤다. 그러자 나머지 두 여자아이도 이쪽을 보고서 손을 흔들었다. 혹시 저 남자아이가 레온하르트 오일러인 걸까?

"웬일로 일찍 왔네요? 같이 오신 분은 누구…?"

의자에 앉아서 바느질을 하고 있던, 아마도 바울의 아내인 듯한 여성이 우리를 보며 물었다.

"어. 귀한 손님이에요. 그런데, 레온하르트는?"

"학교 끝나고 왔다가 방금 놀러 나갔는데."

"그래요? 허허… 언제 온다는 말은 없고요?"

"그쵸. 뭐 저녁 전에는 오겠죠. 근데 누구…?"

"아. 멀리 파도바 대학에서 공부하시는 분인데 우리 레온하르트를 보러 왔답니다. 요한 베르누이 님의 소개로요."

"어머! 베르누이 님이요? 어서 이리 들어오세요."

그녀는 바느질하던 옷감을 바닥에 내려놓고서 자리에서 일어났다. 둘의 얘기를 듣자 하니 저 남자아이는 레온하르트 오일러가 아니었던 모양이다.

"수잔 님. 안으로 들어오시죠."

"아, 네."

"이쪽은 제 아내인 마거리트이고… 애들아. 손님 오셨는데, 와서 인사드리지 않고?"

바울 오일러의 부름에 놀고 있던 세 아이가 쪼르르 이쪽으로 걸어와 인사를 했다. 그 모습들이 무척이나 귀여웠다.

"이 아이는 안나이고 얘는 마리아, 그리고 이 아이는 막내아들인 요한입니다. 레온하르트의 동생들이고요."

"아하, 레온하르트는 장남인가 보네요."

"예. 평소에는 동생들이랑 집에서 잘 놀아주는데, 하필 오늘 어딜 갔나 보네요. 곧 돌아오지 않을까 싶은데 조금만 기다려 주세요."

"네."

"오빠는 왜요?!"

안나라는 아이가 똘망똘망한 눈으로 날 올려다보며 물었다. 바울이나 대신 답했다.

“멀리서 오신 선생님인데, 오빠 공부하는 거 봐주러 오신 거야. 그러니까 이따 오빠 오면 동생들이랑 조용히 놀고 있어야 한다?”

아이들은 아하 하고선 다시 자신들이 놀던 자리로 쪼르르 달려갔다.

나와 바울 오일러는 벽난로 앞에 놓인 네모난 탁자에 마주 앉았다. 집안으로 햇살이 눈부시게 들어오고 있었다.

“레온하르트 오일러는 학교에서 어떤 아이인가요?”

내가 물었다.

“아주 착한 아이입니다. 워낙 성격이 둥글둥글해서 친구들과 싸움이 나도 자기가 져주고 그런 아이지요.”

“아버님이 목사셔서, 그런 게 영향이 있나 보네요.”

“허허. 글쎄요. 저는 가끔 ‘너도 그러지 말고 들이받을 땐 콱 들이받아라.’라고 하는데, 그냥 본인이 싸움이 싫다는 걸 어쩌겠습니까? 저도 그냥 아이의 타고난 기질인가보다… 합니다.”

“공부는 좀 어떤가요? 잘하는 편인가요?”

그는 미소 지은 채 가만히 뜸을 들이다 답했다.

“사실 그게 좀 고민입니다. 베르누이 님도 애가 수학에 소질이 있다고 해주셨는데, 지금 다니고 있는 라틴 학교는 수학을 체계적으로 가르쳐주지 않아서요. 그래서 어쩔 수 없이 지금은 제가 아름아름 봐주고 있습니다.”

“목사님께서요?”

"네. 저도 소싯적에 수학을 좀 공부했었거든요. 이제 그때 배운 건 거의 다 까먹었지만요."

그러고 보니 요한 베르누이가 했던 말이 기억난다.

"아! 야코프 베르누이 님으로부터 수학을 배우셨다고…"

"네. 맞습니다. 바젤 대학에서 교수님 수업을 들었었죠. 요한 베르누이 님께서 그런 얘기도 다 해주시던가요? 허허허."

"어떤 걸 주로 배우셨나요? 수학에도 많은 분야가 있는데."

그는 고개를 가로저었다.

"방금 말씀드렸듯이 다 잊어먹었습니다. 지금처럼 아들 녀석 수학이라도 봐주게 될 줄 알았으면 그때 교수님과 친분도 더 쌓고 가르침도 더 받고 했을 텐데요. 워낙 무서운 분이었거든요."

"후훗. 뭐 호되게 혼나셨던 경험이라도 있으신가 봐요?"

"뭐… 저 같은 학생들에게 그리 친절한 교수님은 아니셨습니다. 항상 본인 연구할 거 바쁘시다고 수업도 빠뜨리기 일쑤여서 진도도 다 못 나간 적이 많았지요. 오죽하면 길거리 다니실 때도 계산을 하며 다니셨다고 그럽디다."

"길에 걸어 다니면서요?"

"예."

그는 옛 추억에 잠긴 듯, 아련한 웃음을 지었다. 그러다 뭔가가 갑자기 생각난 듯, 펜꽂이에 꽂혀 있던 펜 하나를 꺼내 들었다.

"혹시 수잔 님께서는 2.718281…로 쭉 이어지는 수가 어떤 수인지 아십니까?"

"네?"

난 단박에 무리수 π와 더불어 대표적인 무리수로 꼽히는 e를 떠올렸지만, 일단은 모른 척 표정을 지어 보였다. 그러자 그는 싱글벙글하며 종이 위에 그림을 그렸다.

"자. 이 왼쪽 끝부터 오른쪽 끝까지가 1년입니다. 그리고 어떤 투자자가 1리브르를 복리 이자율 100%로 투자한다는 가정을 해보는 겁니다. 그럼 1년 후엔 원리합계가 얼마나 되겠습니까?"

"원금 1리브르와 이자 1리브르, 총 2리브르겠네요."

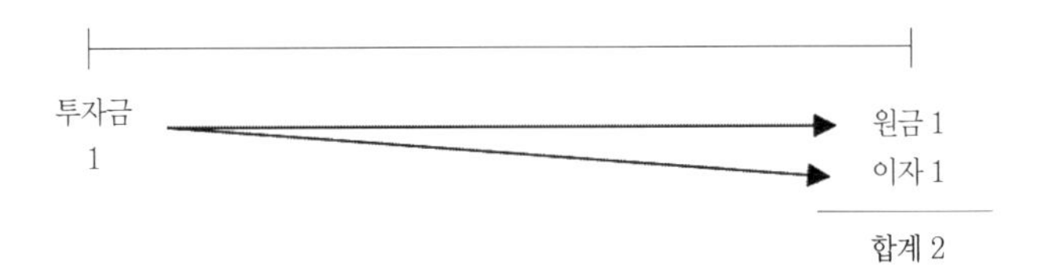

"그렇습니다. 그런데 베르누이 교수님께선 2리브르보다 더 많은 금액을 얻을 수도 있다고 했습니다. 투자 기법을 통해서요."

"투자 기법이요?"

"이렇게 절반을 끊어보는 겁니다. 투자를 시작하고 6개월이 지난 때겠지요."

그는 처음 그린 선 한 가운데에 눈금을 표시했다.

"이제 이 절반이 지난 시점에서 투자금을 회수하는 겁니다. 그럼 투자기간이 절반이니까 이자도 절반으로 떨어지지요."

"이제 이 돈을 그대로 다시 다 재투자한다는 겁니다. 그럼, 원금 1은 또 원금 1과 이자 0.5로 되고, 0.5는 원금 0.5와 이자 0.25가 되겠지요?"

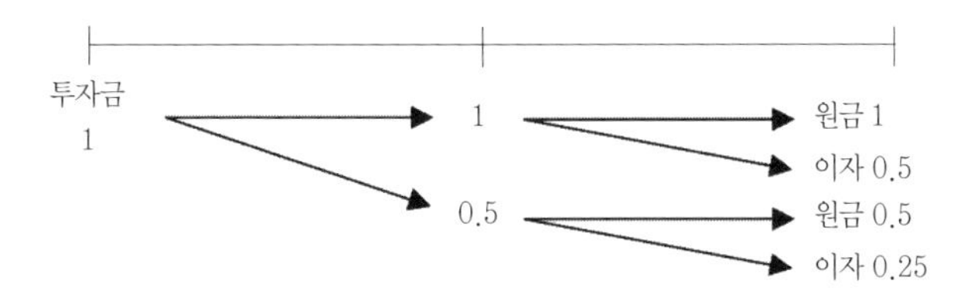

"원리합계가 총 2.25리브르가 되는군요!"

"그렇습니다. 신기하지요? 처음보다 0.25리브르만큼을 더 받는 겁니다."

그는 무척 재밌다는 표정으로 몰입해서 아래에 하나의 그림을 더 그리기 시작했다. 방금 것보다 기간을 두 번 더 잘게 나눈 형태였다.

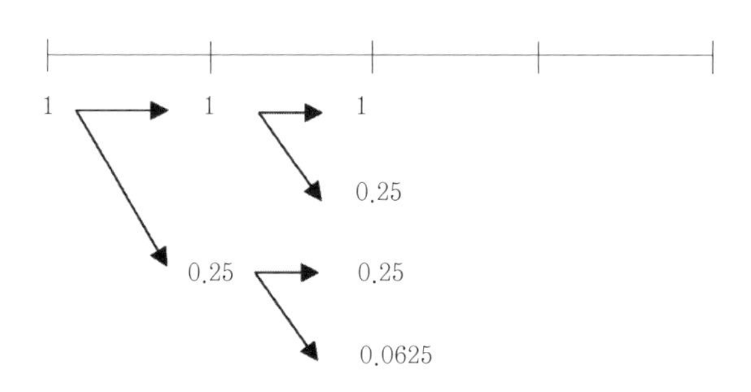

“자아. 만약 이런 식으로 만약에 투자자가 분기별로, 즉 3개월마다 투자금을 재투자하면 얼마가 되겠습니까? 이게 계산해 보면 아마 대략 2.4414리브르 정도가 나올 겁니다.”

“아까보다도 0.2리브르 정도를 더 번다는 거군요.”

바울 오일러는 펜을 내려놓았다.

“교수님께서는 이런 식으로 원리합계가 얼마까지 더 커질 수 있는지를 무려 한 달 동안이나 계산하셨다고 합디다. 그리고 그 값이 대략 2.718281… 정도가 된다는 결론을 내셨고요. 대단하지요?”

“맙소사. 한 달씩이나… 대체 기간을 얼마나 더 잘게 쪼개셨던 건가요?”

“그거야 저도 모르지요. 아무튼 저에겐 아주 인상 깊은 내용이어서 교수님께서 말씀해 주신 숫자들까지도 이렇게 대충 다 기억을 합니다.

베르누이 교수님께선 그런 분이었다는 말씀을 드리려 일부러 제가 이 얘기를 꺼냈습니다."

"… 대단한 집념을 가진 수학자셨군요."

무리수 e에 대해 재미난 일화도 들었으니, 내가 알고 있는 e에 대한 논의를 더 이어가 볼까 싶던 때, 바울 오일러의 아내 마거리트가 예쁘게 깎인 과일을 담은 접시를 우리 사이에 놓았다.

"복숭아 좀 드시면서 얘기 나누세요. 아주 달아요."

그녀는 바울 오일러의 옆으로 가더니 조심스럽게 의자를 빼 함께 자리에 마주 앉았다. 눈치를 보니 아무래도 내게 무언가를 묻고 싶은 듯하다.

"… 혹시 제게 궁금하신 거라도 있으신가요?"

"호호. 아니에요. 별건 아니고 우리 레온하르트 공부를 봐주신다고 하시니까 혹시 가정교사도 하시는 분인가 싶어서…"

"어허, 여보. 우리가 그럴만한 돈이 어딨다고 그럽니까?"

바울 오일러가 놀란 눈으로 아내의 말을 받았다.

"그야 그렇지만, 사람 일이란 게 혹시 또 모르는 거니까 좀 가만있어요."

"실례에요 실례. 멀리서 애써 와주신 분인데…"

마거리트는 손으로 자기 남편 무릎을 탁 때렸다.

"호호 선생님. 저희는 우리 아들이 뭐 특출나게 크는 걸 원하진 않아요. 그저 학교에서 하는 수업 잘 따라가고 선생님들 말씀 잘 듣고 하는 걸 원하지. 안 그래요 여보?"

마거리트는 편안한 미소를 지으며 말했지만, 그걸 듣는 오일러의 표정은 어쩐지 불편해 보인다. 아내에게 꽉 잡혀 사는 가장… 그런 모습인 걸까.

“그런데 선생님. 레온하르트가 나간 지 얼마 안 돼서 기다리시려면 함참 계셔야 할 거 같은데, 시간 괜찮으시겠어요? 뒤에 뭐 일정이라도 있으실까 봐.”

“아, 그런가요?”

“네. 요즘은 저렇게 나가면 어떨 때는 저녁 넘겨서 들어오기도 하거든요.”

어떻게 할까. 이렇게 그냥 가만히 앉아서 기다리기엔 분위기도 좀 어색한데, 차라리 내가 돌아다니며 찾아볼까.

“혹시 어디에서 노는지는 모르시나요?”

“아우바 강 근처에서 논다더라고요. 거기에 뭐 그리 놀 게 있는지는 모르지만.”

“아우바 강 위치가 어디 쪽인가요?”

“저쪽으로 한참 쭉 가면 나오는데…”

그녀는 손가락으로 북쪽을 가리켰다. 나는 자리에서 일어났다.

“왜요? 선생님. 설마 찾으러 가시려고요? 어휴. 그 넓은 데서 애가 어딨는 줄 알고. 그냥 기다리시든지 바쁘시면 다음에 오시든가 하세요. 날짜를 미리 알려주시면 제가 그날은 레온하르트에게 어디 가지 말고 집에 있으라 일러 놓을게요.”

“아닙니다. 날씨도 좋으니 산책 겸 다녀오려고요. 못 찾더라도 이따

다시 들를게요."

"그럼, 저와 함께 가시죠. 마차로 모셔다드리겠습니다."

자리에서 일어나려는 바울 오일러를 나는 말렸다. 능력을 써서 자유롭게 돌아다니려면 아무래도 일행이 없는 편이 나으니까.

Ⅲ.

오일러의 집을 나와서 주위에 나를 목격할 만한 사람이 없다는 걸 확인한 나는 공중으로 날아올랐다. 높은 데서 내려다보면 금방 레온하르트를 찾을 수 있을 거다.

하지만 마거리트가 가리킨 방향으로 날아가며 나는 내가 실수했음을 느꼈다. 주변 일대가 이처럼 탁 트인 평원일 거라곤 생각지 못했기 때문이다. 온통 풀밭과 흙밭뿐이다. 그 흔한 나무숲마저 보이지 않는다. 만약 시기 나쁘게 우연히라도 하늘을 올려다보는 이가 있다면 하늘을 날고 있는 나를 목격할 테지. 그나마 다행인 건 시골 동네라서 그런지 돌아다니는 사람이 거의 보이지 않는다는 점이랄까.

그래도 모처럼 가슴이 탁 트이는 기분이다. 얼굴을 때리는 공기마저 상쾌하게 느껴진다. 하늘을 날며 시야에 걸리는 것 하나 없는 평지를 내려다보는 기분이란… 나중에 은우를 만나면 이 광경을 꼭 구경시켜 주고 싶다.

금방 강이 눈에 들어왔다. 찬찬히 둘러보니 강에서 물장구를 치면서 놀고 있는 아이들이 넷, 근처를 뛰어다니며 놀고 있는 또 다른 아이들이 셋, 그리고 홀로 흙바닥에 앉아서 무언가를 그리며 놀고 있는 아이 한 명이 보인다. 왠지 나의 직감이 홀로 있는 저 아이가 바로 레온하르트 오일러라 말하는 듯하다.

아이들이 눈치채지 못하도록 나는 아주 빠른 속력으로 땅에 내려왔다. 이때 거리 조절을 잘못해서 하마터면 발을 삐끗할 뻔했다. 내려와서 보니 위에서 보던 것과는 다르게 제법 굴곡이 있는 땅이었다. 놀고 있는 아이들은 작은 언덕 건너편에 있어 보이지 않았다.

차분한 걸음으로 언덕을 올랐다. 까르르 소리를 내며 노는 아이들 무리가 다시 보인다. 그리고 난 흠칫 놀랐다. 혼자서 놀고 있던 그 아이는 내 쪽을 뚫어져라 쳐다보고 있었고, 곧장 나와 눈이 마주친 거다.

난 부드러운 미소를 지으며 그 아이에게 다가가 물었다.

"안녕? 반가워. 네가 혹시 레온하르트 오일러니?"

"누나는… 천사님이세요?"

"응?"

"방금 저쪽 하늘에서부터 쭉 날아서 이리로 오셨잖아요."

Ⅳ.

자신이 레온하르트가 맞다고 시인한 아이는 내게서 의심을 거둘 마음이 없어 보인다. 그렇다고 해서 이 어린아이를 대상으로 성인들도 감당하기 힘든 기억 조작을 행할 수도 없는 노릇이고. 참으로 난감한 상황이다.

그래. 차라리 이런 어린애라면…

“그래 맞아. 레온하르트. 사실 나는 천사야.”

“맞죠!? 그러실 줄 알았어요. 완전 신기해요! 저 천사님 처음 보거든요.”

“쉿, 조용히 하렴. 다른 애들이 들으면 안 돼.”

“왜요?”

“사람들이 알아선 안 되는 비밀이니까. 저기 있는 애들뿐 아니라 그 누구한테도 비밀로 해줬으면 해. 지켜줄 수 있지? 레온하르트.”

“음… 네! 알겠어요. 천사님께서 그리하라 하시니 따라야죠!”

난 검지를 코에 대며 다시 한번 조용히 하라는 신호를 했다. 오일러는 아차 하며 두 손으로 자신의 입을 가렸다.

“그리고 나를 부를 땐 수잔 누나라고 불러. 그게 내 이름이거든.”

“수잔이요? 되게 사람 같은 이름이네요? 미카엘이나 우리엘 같은 이름일 줄 알았어요.”

“후훗. 그런 이름을 썼다간 금방 들키지 않을까?”

“아! 그렇겠네요.”

환한 웃음으로 호기심 가득한 레온하르트의 표정이 너무나도 순수하고 귀엽다. 이 아이가 바로 내가 서연이었을 적부터 가장 존경하는 위인, 레온하르트 오일러구나.

“그런데 천사, 아니지, 수잔 누나가 여기엔 무슨 일 때문에 오셨어요?”

“너를 보러 온 거야. 네가 그렇게 공부를 잘한다고 해서.”

“저를요? 헉… 근데 아닌데. 저보다 성적 좋은 애들도 많은데요.”

“성적? 누나는 학교 성적을 얘기하는 게 아닌데?”

“그럼요?”

난 오일러가 땅에 그리고 있던 그림을 슬쩍 보았다. 이제 보니 오일러가 그리고 있던 건 커다란 미로였다.

“미로를 그리며 놀고 있던 거야?”

“네.”

아이는 자신이 그린 미로를 뿌듯하게 내려다 보았다. 문득 나도 어렸을 적에 연습장에 미로를 그리며 놀았던 기억이 난다.

“어디. 이 누나가 한번 풀어볼까? 입구가 어디니?”

“어… 여기에도 있고 여기도 있고, 이쪽에도 있어요. 아무 데서나 시작하시면 돼요.”

“출입구가 세 개인 거야? 와. 독특한데?”

“두 개짜린 너무 쉬우니까요!”

“나 어렸을 때는 입구랑 출구 하나씩 있는 것만 그렸었는데. 역시 너는 다르긴 다르구나. 근데 두 개짜리로도 길을 많이 꼬면 어렵게 되지 않아?"

"그래봤자 벽 두 개짜리잖아요."

"응? 벽 두 개? 아니. 누난 출입구를 말한 거야."

"그게 그 소린데?"

"응?"

오일러는 천진난만한 표정으로 날 올려다보았다. 난 순간 내가 잘못 들은 건가 싶어서 되물었다.

"출입구가 두 개인 거와 벽이 두 개인 게 같은 얘기란 거니?"

"네!"

"… 그게 무슨 말이야? 설명 좀 해줄래?"

오일러는 그 조그만 손으로 바닥에서 돌멩이를 주워 두 개의 선을 그었다.

"이렇게 양옆에 구멍이 나 있으면 벽도 위에 하나, 아래에 하나 있잖아요?"

"그렇지. 하지만 미로는 이렇게 단순한 모양이 아니잖아?"

"아니에요. 길이만 더 길고 구불구불하기만 한 거예요."

"?"

"보여드릴까요?"

오일러는 능숙한 솜씨로 작은 미로 하나를 빠르게 그려냈다.

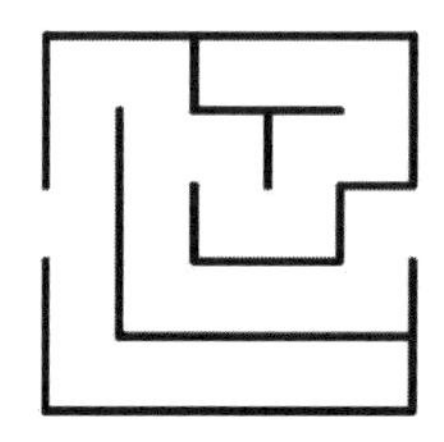

"천사님, 아니 아니지, 수잔 누나가 말하는 게 이런 거죠?"

"응 맞아. 출입구 두 개짜리."

"위에 벽 하나, 아래에 벽 하나 있잖아요."

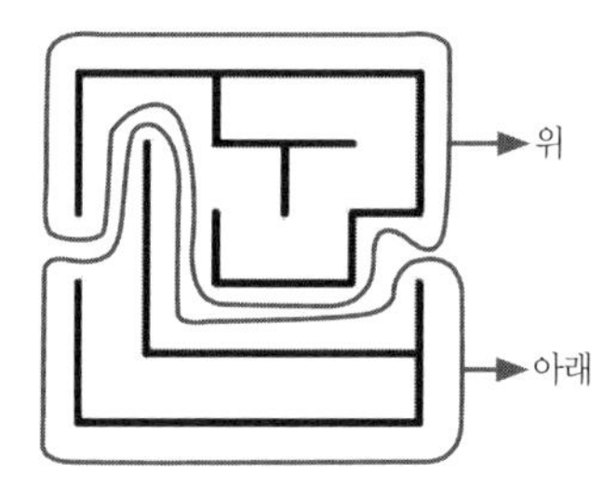

난 오일러가 표시해 준 그림을 보고서, 마침내 이 아이가 무슨 말을 한 건지 이해할 수 있었다.

출입구 두 개짜리 미로는 곧 두 개의 벽으로 이루어진 길 형태로 단순화시켜 이해할 수가 있다는 얘기다. 아무리 복잡하게 꼬여 있는 미로라 하더라도 결국 '연결된 벽 덩어리 수'는 두 개일 뿐! 그동안 한 번도 생각해 보지 못한 놀라운 발상에 난 감탄을 금할 수 없었다.

"항상 이런 거니? 안쪽에 또 다른 벽 덩어리가 있을 수도 있잖아?"

"그건요. 이런 거예요. 생각하지 않아도 돼요."

오일러는 아까 그린 그림에 짧은 선 하나를 그려 넣었다.

"..."

또다시 생각에 빠져있는 날 보고, 오일러는 머리를 긁적이다가 방금 그렸던 미로의 벽 조금을 발로 문질러 지웠다.

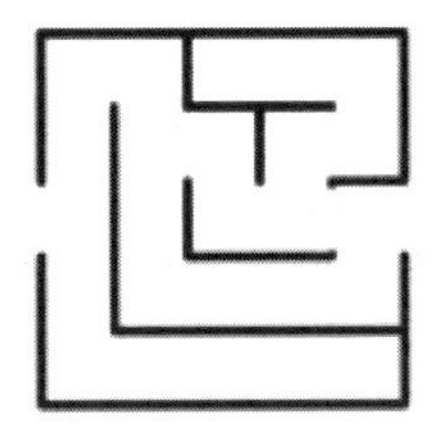

"아!"

곧 나는 미로에서 세 개의 벽 덩어리를 파악하였고, 한가운데에 새로 생긴 벽은 사실상 미로의 전체적인 구조에서 중요한 요소가 아니란 걸 이해할 수 있었다. 이런 사실을 오일러는 '생각하지 않아도 된다.'라고 표현했던 거다.

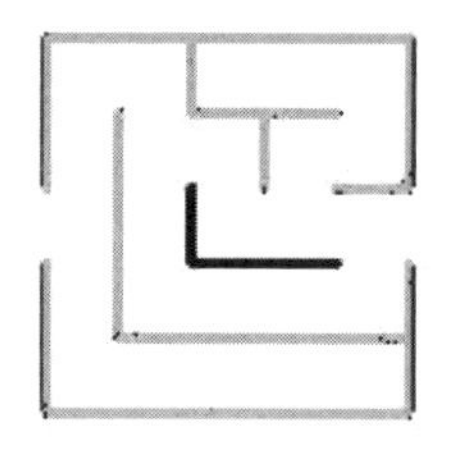

그리고 이내 난 미로를 통과하는 길이 처음 두 벽 덩어리 사이에 위치한다는 사실도 파악할 수 있었다. 가운데 벽은 그야말로 '생각하지 않아도 되는' 벽일 뿐이란 확인과 더불어 말이다.

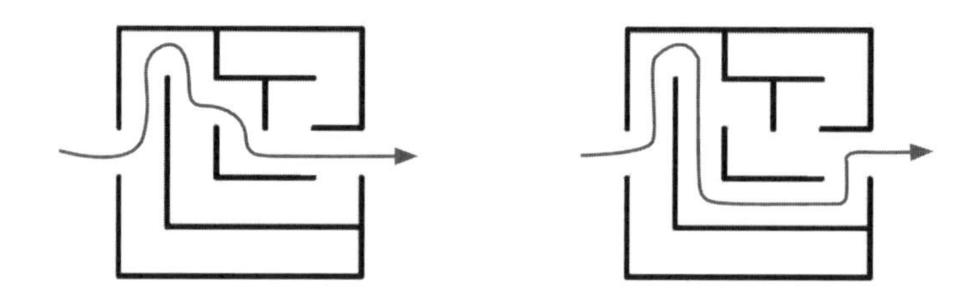

과연… 이러한 시각으로 미로를 본다면 오일러의 말처럼 출입구 두 개짜리 미로는 아무리 꼰다 해도 무척 쉬운 구조일 수밖에.

V.

"근데 왜 여기까지 와서 혼자 놀고 있던 거야? 집에서 해도 되잖아."

"엄마가 혼내서요."

"어머니께서? 왜?"

오일러와 난 함께 집으로 걸어가는 중이다.

"엄마는 학교에서 내준 숙제를 하는 게 아니면 싫어하거든요. 차라리 동생들이랑 놀아주라고."

"후훗. 그건 어머니께서 하신 말씀이 맞아. 숙제가 있으면 그걸 먼저 해야지. 레온하르트."

"아뇨. 그 말이 아니라 숙제만 좋아하신다니까요?"

"숙제만? 무슨 말이야?"

"숙제를 하다 보면 궁금한 게 생기잖아요? 근데 그걸 싫어하세요."

"… 예를 들면?"

"음."

오일러는 바닥에 있는 돌멩이를 툭 툭 차며 걷는다.

"누나는 무한대 더하기 1이 뭔지 알아요?"

"무한대 더하기 1?"

"무한대 곱하기 무한대는요?"

갑작스러운 오일러의 질문에 난 당황해서 순간 답을 하지 못했다. 아니, 일단 이 어린아이의 입에서 무한대라는 용어가 나온 것부터가 신기할 따름이다.

"그게 왜 궁금해진 거니? 레온하르트."

"학교에서 내준 더하기 곱하기 숙제하다가요. 그런데 물어봤다가 엄마한테 혼났어요. 이상한 생각만 한다고. 학교 선생님께도 물어봤다가 혼났고요."

"…"

"이런 게 궁금하면 안 되는 거예요? 누나?"

아무렇지 않게 묻지만, '이런 게 궁금하면 안 되느냐'는 물음에서 어쩐지 난 이 아이가 그동안 겪어온 상처가 느껴져 마음이 무거워졌다.

"아버지에게는 안 여쭤봤어?"

"아빠는 모른대요."

오일러는 자기 발 앞에 놓인 돌멩이를 다시 한번 툭 찼다.

"레온하르트. 음… 일단 무한대는 1, 2, 3 같은 수가 아니야."

"그러면요?"

"무한대가 왜 수가 아닌지를 얘기해주려면, 그에 앞서서 수가 무엇인지부터 얘기해 줘야 해. 하지만 그건 아직 네겐 너무 어려운 얘기일 거야."

"왜요?"

"우리가 수라고 뭉뚱그려서 부르는 대상은 사실 많은 종류가 있고 종류마다 고유의 특성이 있거든."

날 보는 오일러의 눈이 마치 별처럼 반짝인다.

"마치 사람과도 같아. 우리는 쉽게 사람이라 뭉뚱그려서 말하지만 사실 어느 나라 사람인지, 남자인지 여자인지 등에 따라 사람의 집단도

저마다 고유의 특성이 있잖아? 그런 거와 비슷하다고 보면 돼. 그렇게 치면 무한대는… 그래. 네가 지금 차고 있는 돌멩이야."

"왜요?"

"돌멩이는 사람이니?"

"아니요."

"그럼 우리 사람들에게만 해당하는 이야기를 저 돌멩이에 하면 어떨 것 같아?"

"…"

"돌멩이한테 아침마다 학교 가라고 다그치고 숙제하라고 시키고. 밥 먹으라고 부르고 동생들 돌봐주라고 그러는 거야. 어떨 거 같아?"

"이 돌멩이한테요?"

오일러는 잠시 생각하더니 이내 해죽 웃었다.

"이상할 것 같아요."

"그렇지? 그러니까 무한대한테도 수에게 했던 덧셈이나 곱셈 같은 걸 함부로 해서는 안 돼. 그건 이상한 거거든."

"으음… 어렵네요."

지금 나의 설명이 과연 최선일까? 더 쉽고 흥미롭게 이야기해 줄 수는 없는 걸까. 머리가 복잡해진다.

"그런데 대충 무슨 얘긴지 알 것 같아요!"

"그래? 그럼, 다행이다."

"그럼요 누나. 수가 뭔지는 언제 배워요?"

"후훗. 그건 나중에 학교 선생님께 여쭤보렴. 아마 잘 알려주실 거야."

"… 혼날걸요?"

반사적인 오일러의 대답에 순간 난 가슴이 철렁했다.

걸음을 멈추고 오일러의 양 어깨를 잡아 쪼그려 앉아서, 난 그와 눈을 마주하였다.

"레온하르트. 지금 이 누나가 하는 얘기 꼭 잊지 말고 기억하렴."

오일러의 동그란 눈이 깜빡인다.

"너의 질문들은 잘못된 게 아니야. 레온하르트. 오히려 대단한 거지. 너의 호기심은 매우 자연스럽고 당연한 거야. 그렇게 궁금해하고 또 궁금한 걸 해결하는 게 바로 수학이거든."

"그게 뭔데요?"

"호기심으로 시작해서 또 다른 호기심으로 나아가는 학문. 방금 네가 궁금해했던 수가 무엇인지, 무한대가 무엇인지. 아까 그렸던 미로의 원리는 무엇이고 그걸 어떻게 응용할 수 있는지. 그 모든 게 다 수학이야. 그리고 그런 걸 연구하는 사람들을 수학자라고 부르는 거고."

말하면서 문득 내가 어린아이에게 너무 무거운 분위기로 얘기를 하는 건 아닌가 싶었다. 살짝 오일러의 어깨에서 손을 뗐다.

"그럼 저 수학자 할래요."

"응?"

"수학자가 돼서 궁금한 거 다 알아내고 싶어요."

순수한 오일러의 말에 나도 모르게 미소가 흘러나왔다. 손을 들어 그의 머리를 쓰다듬어 주었다.

"근데요. 수잔 누나."

"응."

"이제 그만 걷고 집까지 날아서 가면 안 돼요? 누나는 날 수 있잖아요. 저도 하늘 날아보고 싶은데."

참. 그러고 보니 오일러는 아까 내가 하늘을 나는 걸 봤었지? 여태 이걸 얘기하고 싶어서 속으로 얼마나 참았을까.

그런데 아무리 '그녀'가 세상에 없다지만 이런 능력들을 다른 사람에게 함부로 막 보여줘도 괜찮은 걸까? 하긴 이 아이 하나뿐이라면… 크게 잘못될 일은 없겠지? 설령 얘가 자신이 경험한 걸 다른 어른에게 말한다 해도 그저 어린아이의 가벼운 농담이라고 받아넘길 테니.

마침 주위를 둘러보니 사람도 보이지 않는다.

"음, 그럼 아예 나는 것보다 더 신기한 걸로 보여줄까?"

"우와! 네!"

난 오일러의 어깨에 손을 얹고서 바울 오일러의 근처로 공간 이동을 시도했다.

하지만 민망하게도 잘되지 않았다. 더 정확하게는 나 이외의 사람이 나와 함께 공간 이동을 하는 모습이 머리로 잘 그려지지 않는다.

나의 이러한 능력들은 나의 당연한 상상에 의해서 실현된다. 이렇게 하면 저렇게 될 거라는 자연스러운 확신. 하지만 지금처럼 그 모습이 조금이라도 부자연스럽게 느껴지거나 불가능하게 느껴진다면 능력도 따라서 삐걱대곤 한다.

"아니다. 그냥 날아서 가자. 누나가 안아줄… 레온하르트. 네가 나에게 업혀볼래?”

난 오일러에게 등을 내밀었다. 아이는 조금의 망설임도 없이 와락 내 등을 껴안았다. 생각보다 무거운 오일러의 무게에 난 깜짝 놀랐다. 물론 못 일어날 정도까진 아니지만 업고서 집까지 날아가기는 꽤 힘들 것 같은데.

머리를 굴려본다. 오일러의 몸무게를 일시적으로 줄여볼까? 아니야. 그런 짓을 했다가 아이에게 무슨 일이 일어날 줄 어떻게 알고. 차라리 내 근력을 일시적으로 늘여볼까? 내가 힘을 주면 평소보다 더 큰 결과가 일어나는 방식으로.

내 생각은 곧장 효과로 나타났다. 등에 업힌 오일러를 가볍게 위로 들썩여 보았는데, 마치 온 힘을 주어 뛰기라도 한 것처럼 오일러가 위로 높게 솟았다가 내려왔다.

“옴마야! 누나. 깜짝 놀랐잖아요!”

“미안 미안. 누나가 힘 조절을 잘못했어. 안 다쳤니?”

“네! 완전 신기해요! 천사님들은 다 원래 그렇게 힘이 세신 거예요?”

“후훗. 진짜로 신기한 건 이제부터야. 꽉 잡으렴.”

나는 그대로 아까 땅으로 내려왔을 때처럼, 빠른 속력으로 하늘을 향해 날아올랐다. 오일러의 귀여운 함성 소리가 공중에 퍼졌다.

VI.

레온하르트와 돌아온 나를 바울 오일러와 마거리트는 안에서 따듯하게 맞아주었다. 인형 놀이를 하던 아이들은 달려와 자신의 오빠를 양옆에서 부둥켜안는다.

요리를 하고 있었던 건지, 집안 가득 맛있는 냄새가 났다.

"선생님. 혹시 리조토 좋아하세요? 여쭤볼 경황이 없이 만들긴 했는데…"

"아, 이게 리조토 냄새였군요. 물론 좋아해요."

"호호. 좀만 기다리세요. 금방 맛있게 만들어 드릴게요."

마거리트는 콧노래를 부르며 화구 쪽으로 갔다.

"어떻게 금방 만나서 오셨네요. 레온하르트와 이야기는 좀 해보셨습니까?"

"네, 목사님. 역시 기대했던 거 이상으로 대단한 아이던걸요?"

"허허. 그렇습니까? 수잔 님께서 좋게 봐주셨다니 다행입니다."

"아빠! 수잔 누나는…!"

레온하르트는 말하다 말고 흠칫 놀라며 자신의 입을 가리고 날 올려다보았다. 나는 미소로 답했다. 곧장 동생들의 이끌림에 끌려가는 레온하르트를 뒤로하고 나와 바울 오일러는 아까 앉았던 탁자에 다시 마주 앉았다.

"레온하르트의 교육 문제로 고민이 많으시겠어요. 너무 뛰어난 아이라서."

내가 먼저 입을 열었다. 바울 오일러는 미소를 머금은 채 말없이 고개를 끄덕이며 동생들과 놀아주고 있는 레온하르트를 보았다.

"걱정이 많습니다. 솔직한 아비의 맘으로선 다른 아이들과 비슷한, 평범한 아이였으면 좋을 텐데 싶고요. 차라리 마음에 모진 면이라도 있는 아이면 덜 걱정 될 텐데 말입니다."

"…"

무슨 말인지 알 것 같다. 레온하르트 같은 아이는 학교에서 어쩔 수 없이 눈에 띄게 된다. 그런 경우 상당수 같은 반 친구들로부터 미움을 받기 십상이다. 이때 선생님의 역할이 참 중요하지만, 아까 오일러의 이야기를 들었을 때는 그마저도 그리 기대가 되지 않는다.

"… 그래도 잘 해낼 거예요. 레온하르트는. 저와는 달리 붙임성도 좋고 곰살맞은 아이니까요."

"?"

나는 동생들과 다정하게 놀아주고 있는 레온하르트를 보았다. 바울 오일러는 내 말의 숨은 의미를 이해했는지 놀란 표정으로 날 보았다.

"그… 수잔 선생님께선 리헨에서 일정이 어떻게 되십니까? 언제까지 머무시는지요?"

난 물음의 이유를 몰라 대답 대신에 고개를 살짝 갸웃했다.

"실례인 건 알지만, 선생님이 리헨에 계시는 동안 우리 레온하르트의 지도를 좀 부탁드리고 싶어서 그럽니다. 아이를 잘 이해해 주실 것 같은 분이기도 하고, 잠시 기간일지라도 아이가 선생님에게서 많은 걸 배울 수 있지 않을까 싶어서요. 지도료는 최대한 섭섭지 않도록 준비해

보도록 하겠습니다."

"감히 제가 무슨… 말도 안 됩니다."

난 고개를 가로저었다.

"아마 머지않아 요한 베르누이 님이 돌아오실 거예요. 체계적인 지도는 그분께 맡기시면 충분할 거고요. 저는 어차피 여길 곧 떠날 겁니다."

"저런… 그러십니까?"

"목사님 같은 훌륭한 아버님께서 이미 계시니 더더욱 제 역할은 필요 없을 거예요. 다만 제가 주제넘게 한 말씀 드리자면…"

"네. 말씀해 주시죠."

"… 학교에서의 공부. 숙제나 시험 등의 평가를 위한 공부. 그리고 학문적 의미의 공부에 대한 구분. 그걸 아이에게 지도해 주시면 좋을 것 같아요. 저 역시 학창 시절에 그 구분을 스스로 한 덕에 크게 방황하지 않았으니까요."

"학교에서의 공부와 평가를 위한 공부. 그리고 학문적 공부요?"

"네. 학교에서의 공부란 교과서를 바탕으로 선생이 가르치는 내용을 습득하는 걸 말합니다. 평가를 위한 공부란 말 그대로 높은 평가를 받기 위한 행위, 예를 들어 시험공부라면 빠르게 많은 정답을 맞히기 위한 공부겠고요."

"오호… 말씀이 나와서 하는 얘긴데, 그 시험공부는 어떻게 해야 잘하는 건지요?"

"자주 출제되는 문제 유형을 파악하고 해당 유형을 기계적으로 반복

학습해야 하고요. 풀이 시간을 줄이기 위한 본인만의 기교를 만든다든지 다른 이들이 만든 기교를 숙지한다든지 등등. 한두 마디로 설명하기엔 방대합니다. 다만 제가 강조해 드리고 싶었던 건 이런 공부들과 학문적 의미로서의 공부는 전혀 별개라는 명확한 인지예요."

"그 공부란 무엇인가요?"

"자유롭게 떠오르는 호기심, 궁금증을 바탕으로 이를 해결해 가는 과정. 관련된 내용을 찾아보고 선생님께 여쭈어보고 스스로 고민해 보며 성장하는 공부를 말합니다. 레온하르트에겐 바로 이 재능이 탁월해요. 다만 이는 앞서 말한 두 공부와는 충돌하는 면이 있죠."

바울 오일러는 깍지 낀 두 손을 탁자 위에 올리고 내 말에 경청하고 있다.

"학교에서의 공부는 범위가 한정되어 있고 명확한 진도가 있습니다. 그 정해진 틀을 벗어난 내용이나 흐름을 거스르는 공부는 지양돼요. 하지만 자유롭게 떠오르는 궁금증을 해결하는 과정이란 일반적으로 그러한 틀에 갇히지 않거든요. 당연하게도."

"안 그래도 우리 레온하르트가 학교에서도 선생님들에게 엉뚱한 질문을 많이 한다고 그럽디다."

"실은 엉뚱한 질문이 아니라, 당연하고 훌륭한 질문인 거지요. 그런 질문이 부정적인 것이라 인식하지 않게끔 지도해 주셨으면 합니다. 아버님께서라도요."

바울 오일러는 천천히 고개를 끄덕였다.

"평가도 마찬가지입니다. 숙제는 언제까지 해서 내라는 기간이 있죠. 시험은 더 말할 것도 없고요. 그리고 높은 평가를 받기 위한 기준은 모두에게 똑같이 적용됩니다. 그 기준에 부합하지 않는 성취란 무시되고요. 하지만 학문적 의미의 공부는 일반적으로 그렇지 않습니다. A가 궁금해서 이를 탐구하다 보면 B나 C라는 열매를 얻고, 거기에서 또 영감을 얻어 D, E로 사고가 확장되는 일이 부지기수지요. 제가 우려하는 건 누군가 정해놓은 평가 기준에 맞추어 자신이 이룬 성취, 더 나아가 자신의 가치마저 점수 매겨버리는 행위입니다."

"… 저 역시 아이에게 시험성적이 전부라고 말하지는 않습니다. 다만 아이 엄마가 조금 극성인 면이 있고, 현실적으로도 주위 환경이 아이를 그렇게 몰고 가는 경향이 있지요. 안타까운 현실입니다."

"레온하르트는 명석한 아이니까 그 셋의 목적과 방법, 본질이 전혀 다르다는 사실만 명확하게 알려줘도 스스로 알아서 잘 균형을 찾아갈 거예요. 제가 학창 시절에 그랬듯이. 시험 기간에는 학문적 호기심을 잠시 내려놓고 평가를 위한 공부에 전념할 것이고, 쉬는 때에는 마음껏 학문적 호기심을 발산하겠죠. 학교에서 가르치는 내용 역시 그 목적을 명확히 인지해 교과서의 저자와 선생님의 교육 의도를 보다 매끄럽게 받아들일 수 있을 거고요."

"확실히… 선생님의 말씀을 듣다 보니 공부라는 게 다 같은 공부가 아닌데도, 그동안 명확한 구분 없이 너무 무분별하게 말하고 있던 것 같군요. 애들은 그 혼란이 더 심했겠습니다."

"보통은 크게 문제 되지 않습니다. 다만 레온하르트처럼 학문적 소양이 특출난 아이에게는 중요한 인식일 수 있어요."

“참으로 대단하십니다. 실례지만 수잔 선생님은 나이도 그리 돼 보이지 않으신데. 어찌 그리 잘 아시는지요? 더욱더 제 아이를 맡기고만 싶은데요. 허허.”

그의 말에 나는 내가 서연이었던 시절과 과거의 삶들에서 수업 조교로서, 교수로서 지냈었던 많은 날을 떠올렸다. 하지만 여느 때와 마찬가지로 그저 그에게 미소만 지어 보였다.

이런 대화를 나누는 와중에도 어린 오일러는 해맑게 자기 동생들과 놀아주고 있었다.

노인

I.

“관장님을 뵈려면 어디로 가야 하나요?”

2층의 아치형 창문이 인상 깊은 아우구스트 도서관 안으로 들어온 나는 입구에서 안내를 하는 직원에게 물었다.

“관장님이요?”

“네. 고트프리트 빌헬름 라이프니츠 관장님이요.”

“… 만남을 예약하고 오신 분입니까?”

“아니요. 예약은 하지 않았습니다.”

직원은 날 위아래로 훑어보았다. 하긴 이렇게 대뜸 찾아와서 도서관장을 만나겠다고 하는 사람이 흔하진 않겠지. 앞으로 고위직에 있는 사람을 만나러 올 땐 그럴듯한 이유를 한둘쯤 만들어야겠어.

“누구신지 알려주시면 일단 관장님께 전달 드려 보겠습니다.”

“네. 저의 이름은…”

나는 말을 멈추었다. 그래, 차라리.

"젊은 여성 수학자라고 전해 주세요. 라이프니츠 관장님과 가벼운 수학 문답을 하길 청한다고요."

"아, 수학자시라고요?"

그의 표정이 밝아졌다.

"소속은 어떻게 되십니까?"

"그냥 그렇게만 전달해 주시면 감사하겠습니다."

그는 잠시 머뭇거리다 다시 답했다.

"… 네. 알겠습니다. 그러면 여기서 잠깐 기다리고 계십시오."

이상하기는 해도 라이프니츠의 호기심을 돋우기엔 차라리 이편이 나을 것이다. 내 소개라고 해봐야 사실 특이할 점도 없으니 말이다.

직원이 계단으로 올라가는 걸 본 후, 나는 열람실 안에 살짝 들어가 보았다. 들어올 때부터 천장이 유달리 높다는 생각은 했지만 안을 들여다보고서 실로 감탄하지 않을 수 없었다. 아름다운 벽화가 그려진 아치형의 높은 천장 아래로 높은 벽 전면을 가득 채운 3개의 복층형 서가가 위압적으로 내 시선을 사로잡았다.

열람실 안으로 들어가 어떤 책들이 비치되어 있는지 들여다보고 싶은 마음을 애써 참으며 직원을 기다린 지 십여 분. 마침내 아래로 내려오는 발소리가 들려온다.

"따라오십시오. 안내해 드리겠습니다."

돌계단 위에 서서 나를 안내해 주는 신사적인 직원의 모습에서 왜인지 모르지만, 셀레네였던 시절의 나의 모습이 스친다. 피타고라스 학교에서 찾아오는 이들을 안내해 주던 그 시절의 내 모습이. 덩달아서 그 시절의 은우의 모습도 아련하게 떠오른다. 자신의 스승을 꼭 봐야 한다며 사색이 되어 땀을 삘삘 흘리던, 엘마이온이었던 그.

똑 똑.

커다란 방 앞에 도착해 직원이 문을 두드리자, 안쪽으로 문이 열리며 매우 키가 큰, 단정한 용모의 사내가 우릴 맞이했다. 순간 이 사람이 라이프니츠인가 싶었으나, 넓은 방 안으로 어떤 노년의 신사가 큰 책상 뒤에 앉아있는 모습이 보였다. 한눈에 보아도 저분이 바로 라이프니츠란 걸 직감할 수 있었다.

날 여기까지 안내해 준 직원이 돌아가고, 문에서 날 맞이한 이는 안으로 나를 안내했다. 넓은 복도와도 같은 방의 가운데쯤 가자 마침내 노신사는 쥐고 있던 펜을 내려놓고 고개를 들어 날 보았다. 양 볼이 패인 얼굴에 총명한 안광이 인상 깊은 이다.

"누구시오?"

그의 첫 마디다.

"만나 뵙게 되어 영광입니다. 저는 수잔이라 합니다. 라이프니츠 관장님 맞으시지요?"

"… 나를 아시오? 난 처음 보는 것처럼 기억이 나지 않는데."

"처음 뵙습니다. 꼭 한번 뵙고 싶어서 감히 불쑥 찾아왔는데, 혹시 바쁘신 중이었다면 죄송합니다."

"이 나를 보고 싶어서 왔다…? 그쪽이 말이오?"

"네. 평소 존경해 와서요. 관장님의 수학 이론도 참 좋아해서 즐겁게 공부하고 있습니다."

"내 이론 무엇을?"

"미적분학이요."

라이프니츠의 눈이 커졌다. 그는 피식 소리를 내며 씩 웃었다.

"거 이제 보니 재밌는 손님이시구만. 수잔 님이라고? 거기 아무 자리나 앉으시오. 루카. 넌 네 자리 가서 할 일 하고 있으라."

키 큰 루카란 사내는 반쯤 고개를 숙이고 문 근처에 있는 자리로 갔다. 난 직사각형 형태의 긴 탁자 주위에 놓인 의자 중 하나를 빼서 앉았고. 라이프니츠는 느릿한 걸음으로 와서 내 맞은편에 앉았다.

"아무리 봐도 학생 같아 보이는데 그래. 수학자가 맞으시오?"

"실은 학생이에요. 라이프니츠 님을 너무 뵙고 싶은 마음에 거짓말을 했습니다."

"암 그렇지. 젊은 여성 수학자라면 내가 모를 리가 없지. 거 당돌한 거짓말을 하셨구만."

"죄송합니다."

나는 정중하게 고개를 숙였다.

"민망하게 사과하라 한 얘긴 아니니까 고개 들라. 오히려 고맙지. 나 같은 늙은이를 찾아와 줬으니까."

"늙은이시라니요. 보기엔 정정하신데요."

그는 피식하며 한쪽 입꼬리를 깊게 올렸다.

"그런데 학생. 아까는 왜 그렇게 말한 거요?"

"네?"

라이프니츠는 팔짱을 낀 채 내 눈을 빤히 쳐다봤다. 나는 영문을 몰라 다시 물었다.

"무엇을 말인가요?"

"아까 내게 그리 말했지 않소? 미적분학. 그게 내 이론이라고."

"아…"

무심코 한 얘기였지만, 그러고 보니 이게 지금 시기에 얼마나 민감한 얘기인지 잊고 있었다. 미적분학의 창시자 논쟁. 라이프니츠인지 뉴턴인지.

미처 준비하지 못한 상황에 난처함을 느낀다. 어떻게 대화를 이어야 할까.

"답을 바로 못 하는 거 보니까, 그것도 나 듣기 좋으라고 한 소리였나 보구만 그래."

"아, 아니요."

사선으로 고개를 살짝 튼 라이프니츠의 따가운 시선이 내게 와 꽂힌다.

그래. 차라리 솔직하게 얘기하자. 설령 이걸로 우리의 대화가 끝난대도 어쩔 수 없지.

"전 실제로 라이프니츠 님께서 미적분학에 매우 큰 공헌을 하셨다고 생각하니까요. 다만 미적분학이 라이프니츠 님만의 것이라는 의미로 드린 얘기는 아니었습니다."

"뭣이?"

라이프니츠의 양미간에 주름이 잡혔다. 멀리서 업무를 보고 있던 루카란 사내도 어느새 인상을 쓰며 날 보고 있었다.

"어떠한 수학 분야도 그 시초를 한두 사람으로 추릴 수는 없다고 생각합니다. 하물며 라이프니츠 님의 미적분학 이론 역시 바로 앞세대 수학자인 피에르 드 페르마의 영향을 안 받았다고 볼 수는 없을 테니까요."

"그러면. 아이작 뉴턴은?"

"마찬가지죠. 그 역시 페르마나 니콜 오렘. 하물며 그의 지도교수였던 아이작 베로의 영향을 받았으니, 미적분학을 그만의 것으로 볼 수 없습니다."

"미적분학은 누구의 것도 아니다. 그 말을 하는 거요? 학생."

"아뇨. 반대로 모두의 것이라는 얘기입니다. 수학은 수학자 하나하나가 힘을 합쳐 모래 한 알씩 쌓아 올려 만든 탑과도 같으니까요. 물론 라이프니츠 님의 모래알은 눈에 띄는 모래알입니다. $\frac{dy}{dx}$나 $\int$ 같은 기호[1]는 논란의 여지 없이 라이프니츠 님의 것이기도 하고요."

날 보는 라이프니츠의 얼굴은 여전히 무표정이지만 아까에 비해서는 확실히 인상이 풀어져 있음을 느낄 수 있었다.

"이제 보니 학생이 아니라 수학자였군그래."

오랜 정적을 깬 라이프니츠의 말이다. 난 깜짝 놀라 반사적으로 답했다.

---

1 $\frac{dy}{dx}$는 미분 기호로, 본래 'y의 무한히 작은 변화량을 x의 무한히 작은 변화량으로 나눈 값'을 의미했으나, 현재는 'y를 x로 미분한다.'는 정도의 의미로 받아들인다.
$\int$은 적분 기호로, Sum(합)의 앞글자인 S를 위아래로 길게 늘인 기호다. 라이프니츠는 적분을 '무한히 작은 면적의 무한 합'이라 생각했다.

"아닙니다. 아직 제 이름으로 낸 논문도 없는걸요."

"꼭 논문을 내야 수학자인 건 아니지. 그럼 위대하신 페르마도 학생인가?"

"…"

"학생은 배우는 사람이지. 하지만 자네처럼 누군가에게 배운 게 아니라 스스로 생각해서 깨우친 바가 있다면, 그런 이를 학생이라 부르긴 이상한 거야."

그는 입이 마르는지 물병을 들어 옆에 놓인 컵에 따르며 말을 이었다.

"이보게 젊은 수학자. 자네 시대의 학자들이 꼭 가져야 하는 덕목이 뭔지 아시오?"

"… 가르쳐 주시면 새겨듣겠습니다."

"열린 자세."

그는 꿀꺽 소리가 나게 물을 마신 후 '크'하는 소리를 냈다. 그리고 내게도 물을 따른 컵을 건네주었다.

"수학은 인간의 학문이지. 그런데 이 수학이란 게 참 묘한 게 말이야, 그 끝이 영 보이지가 않거든. 만든 사람은 유한한 존재인데 말이지. 그러니 어떡해야겠어? 유한한 존재들끼리 힘을 합쳐 미지의 영역을 넓혀봐야 하지 않겠어?"

"…"

갑자기 이런 얘기를 늘어놓는 그의 의도를 알 수 없어 나는 그저 잠자코 듣기만 했다.

"큭큭. 아가씨에게는 영 미안한 소리지만, 우리 시대에는 못하는 이야기야. 내 모래알을 쌓겠다고 다른 사람 모래알 치우기에 바쁘지. 가만히 보면 다른 사람 모래알을 자기 거라 우겨 놓고 떵떵대는 이들도 많은 게 이 시대거든. 그런데 이런 한심한 시대에 거 모처럼 괜찮은 이야기를 들었네 그려. 자네에게서 말이지."

아… 내가 수학 이론이 모두의 것이라고 말한 거 때문에 이런 이야기를 한 건가. 정작 논란의 중심에 있는 당사자에게서 이런 이야기를 들으니 이상한 기분을 감출 수 없다.

"정말로 안타까운 마음이라면 지금이라도 화해의 손을 내밀어 볼 수 있는 거 아닌가요? 아이작 뉴턴에게요."

난 떠오르는 생각을 숨기지 않고 입 밖에 냈다. 내 말에 격한 반응을 보일 줄 알았던 라이프니츠의 반응은 의외로 차분했다.

"그거 이미 내 손을 떠난 문제야. 내가 손을 내민다고 끝날 일이 아니게 됐어."

"… 하지만 지금 수학계에서 두 분만큼 영향력 있는 분들도 없으니까, 만약 두 분이 다시 손을 잡는다면 수학계의 분위기는 반전이 일어날 겁니다."

"지겹도록 생각했지. 하지만 끝이 안 보여. 수 달 전에 케일에게 보낸 편지에도 여태 답이 없다오. 무시한 건지 닿지 않은 건지 내 자세히는 모르지만, 아무래도 앞엣거 아니겠어?"

"케일[2]이요?"

라이프니츠는 대답하지 않고 물 한 모금을 더 마시더니 입을 닫았다. 아무래도 이 주제의 이야기를 더 이어갈 분위기는 아닌 듯하다.

"루카! 오후에 중요한 일정 있다고 하지 않았어?"

라이프니츠의 큰 목소리에 루카란 사내는 시계를 한번 확인하더니 빠른 걸음으로 걸어오며 답했다.

"네. 브라운슈바이크 가와 약속이 있습니다. 이제 슬슬 출발하셔야 할 것 같습니다."

"거, 또 족보 때문이야?"

"그건 아닙니다. 가시는 길에 설명을 드리겠습니다."

라이프니츠는 몇 번 고개를 끄덕이더니 자리에서 일어났다. 그리고 발걸음을 떼려는 찰나, 내게 말을 꺼냈다.

"좋은 마음으로 찾아온 젊은 사람한테 내 너무 늙은이 같은 소리만 한 것 같구만. 오늘은 짧은 만남이었지만 만약 또 하고 싶은 얘기가 있으면 다시 와."

"아… 네. 그럼, 언제 찾아오면 시간이 괜찮으실까요?"

"일정을 외워두고 살질 않아서, 이 아이와 얘기하는 게 더 빠르지."

그는 손가락으로 루카를 가리켰다.

---

2 스코틀랜드의 수학자 존 케일(1671년~1721년)은 아이작 뉴턴의 열렬한 옹호자로, 왕립학회 저널에 '라이프니츠가 뉴턴의 미적분학을 표절했다.'는 글을 실음으로써 미적분 우선권 논쟁의 불을 지폈다.

그렇게 우리의 첫 만남은 마무리됐고, 나는 루카를 통해서 돌아오는 주 화요일로 다음 만남을 예약한 후에 방을 나왔다.

Ⅱ.

“수잔 누나. 근데 안 좋은 일 있으셨어요?”

“응?”

난 오일러의 하굣길을 함께하는 중이다. 시간이 여유로워 한 번 더 볼 생각에 오일러의 위치를 따라 공간 이동을 해서 온 장소가 학교였고, 교문 근처에서 수업이 끝나기를 기다려 건물에서 나온 아이를 맞이했다.

오일러는 날 보자 저번처럼 내게 날아서 집에 가자 보챘지만, 주위에 보는 눈이 많으니 적어질 때까지는 걸어가자고 그를 달랜 참이다.

“아까 처음 봤을 때부터 표정이 안 좋아 보이셔서요.”

“… 그래?”

“혹시 사람들이 천사님을 실망시킨 거예요?”

뜬금없는 오일러의 말에 웃음이 나온다.

“그게 무슨 말이니?”

“누나는 하늘나라에서 오셨으니까요.”

“아, 혹시 내가 인간 세상에서 안 좋은 일을 겪었을까 봐?”

"네. 아니라면 다행이고요."

난 귀여운 오일러의 머리를 쓰다듬어 주었다.

"음… 생각해 보면 실망까진 아니고, 답답한 걸 보긴 했지."

"뭔데요?"

오일러는 고개를 들어 날 보았다.

"많은 수학자가 두 집단으로 나뉘어서 싸우고 있는데, 내가 뭘 어떻게 할 방법이 보이지 않거든."

"수학자들이 왜 싸워요?"

"어떤 놀라운 이론이 있어. 그런데 그게 서로 자신들의 것이라고 싸우는 거야."

"놀라운 이론이 뭔데요?"

"후훗. 네가 이해하기엔 아직 어려운 내용이야."

"그래도 가르쳐주세요!"

난 고개를 내려 오일러를 보았다. 아이의 눈이 반짝반짝 빛나고 있었다. 순간 아차 싶었다. 맞아. 이 아이는 레온하르트 오일러였지.

허공을 보며 잠시 생각해 본다. 이 아이에게 미분이니 적분이니 하는 내용을 어떻게 알려주면 좋을지를. 하지만 아무리 생각해 봐도 무리다. 하물며 나눗셈이나 분수 같은 개념조차도 학교에서 배우지 않았을 테니까.

"레온하르트. 혹시 속도란 게 뭔지 아니?"

"달리기할 때 누가 더 빠르냐 하는 거요?"

"응. 그런 거. 그럼, 그 속도를 어떻게 계산하는지는 알아?"

"아뇨?"

"…"

"어떻게 계산하는데요?"

난 순간 바울 오일러가 내게 말했던 것처럼, 며칠 느긋하게 시간을 갖고서 이 아이에게 차근차근 수학을 가르쳐주고 싶다는 생각이 들었다. 하지만 은우가 언제 이 시대로 올지 알 수 없는 노릇이니…

"그럼 도형의 면적을 구하는 방법은 배웠니? 사각형이나 삼각형 같은 거."

"아뇨?"

"그렇구나… 그럼 달리는 속도를 구하는 거랑 도형의 면적을 구하는 건 서로 어떤 연관이 있을 것 같아?"

"그게 뭐예요?"

난 잠시 걸음을 멈추고 흙바닥에 발로 삼각형 하나를 그렸다.

"지금 그린 이 삼각형의 면적을 계산하는 거랑 네가 빠르게 달리는 속도를 계산하는 것에는 무슨 연관이 있을 것 같니?"

"예에?"

오일러는 바닥에 그린 삼각형을 한번 보고, 개구쟁이 같은 표정으로 제자리에서 내게 달리는 자세를 한번 취해 보이더니 양어깨를 으쓱했다.

"후훗. 얼핏 아무런 상관도 없어 보이는 이 둘 사이엔 사실 아주 밀접한 연관이 있어. 도형의 면적을 계산하는 걸 거꾸로 하면 속도를 계산하는 게 나오고, 반대로 속도를 계산하는 걸 거꾸로 하면 면적을 계산하는 게 되거든."

"예에? 왜요!?"

"신기하지? 아까 말한 이론이 바로 이에 대한 이론이야."

오일러는 고개를 몇 번 갸웃거리다 눈동자를 빠르게 이리저리 굴리더니 바보 같은 표정을 지었다.

난 피식 웃고선 다시 발걸음을 뗐다.

"지금 시대 최고의 수학자 중 한 명인 아이작 뉴턴이란 사람이 그랬대. '이 정리를 알게 된 순간 심장이 멎는 줄 알았다.'라고. 하지만 이 내용을 알고 있던 건 뉴턴 한 사람만이 아니었거든."

"누군데요?"

"라이프니츠라고. 또 다른 최고의 수학자이지. 저쪽 멀리 사시는 무서운 할아버지 있어."

"누나는요?"

"응?"

"누나는 최고의 수학자 아니에요? 아! 맞다. 천사님이시니까 빼래요."

"후훗. 나는 그분들의 발끝에도 미치지 못해."

"아닌데. 제가 봤을 땐 누나가 제일 똑똑한 거 같은데요? 학교 선생님들이 모르는 거도 누나는 다 알잖아요."

난 걸음을 멈추고 오일러의 어깨를 잡아 세웠다.

"나에겐 오히려 너. 바로 네가 최고의 수학자야."

"예에!?"

난 올려다보는 오일러와 눈을 맞추었다.

"물론 세상에 뛰어난 수학자들은 많지. 하지만 내가 마음 깊이 진심으로 존경하는 수학자는 바로 레온하르트 오일러, 너거든. 그러니 부디 내가 기억하는 그 아름다운 수학자로 훌륭하게 성장해 주렴. 많은 이들이 널 보고 배울 수 있도록. 학문적으로든 인격적으로든 말이야."

미소를 지었다. 물론 내 이런 말의 영문을 알 리가 없는 어린 오일러는 민망한지 몸을 배배 꼬며 웃었다.

Ⅲ.

나와 원탁을 사이에 두고 마주 앉은 라이프니츠는 웃음을 터뜨렸다.

"내가 다시 오라 했다고 해서 진짜로 다시 올 줄은 몰랐는데, 신기한 처자로구만 그래. 자네 말이야."

"그땐 너무 짧아서 아쉬웠거든요."

"내가 말을 짧게 하는 건 좀 이해해 주게. 어차피 자네도 이 길을 걷는다면 내가 자네 선배 아니겠어?"

"네. 말씀 편하게 해주세요. 전 괜찮습니다."

"이름이 수잔이라고 했나?"

"네."

"이제부터 기억해 두겠어. 내 기억력 아주 오래가니깐 나중에라도 혹시 허튼짓하지 말고 좋은 소식 많이 들려줘."

"후훗. 네. 알겠습니다."

그는 저번처럼 탁자 위에 놓인 컵 두 개를 집어 물을 채운 후 하나는 내게 내밀었다. 난 두 손으로 받아 내 앞에 두었다.

"그래. 기왕 이렇게 시간 내서 날 보러 온 거면 준비해 온 질문도 많을 테지. 하나씩 꺼내 봐."

"다소 추상적인 질문으로 드려도 될까요?"

그는 말없이 손짓으로 긍정의 답을 했다.

"라이프니츠 님에게 수학이란 뭔가요?"

내가 서연이었던 시절. 뉴스에서든 어디서든 인터뷰 형식에서는 단골로 나오던 질문 형태. 하도 많이 쓰여 진부하게 느껴지지만, 사실 이 질문만큼 그 사람의 가치관을 엿볼 수 있는 질문은 또 없다. 물론 지금 시대에는 상당히 신선한 질문이기도 하다.

라이프니츠는 한참을 말없이 생각에 잠겼다. 나는 조용히 그의 답을 기다렸다.

"거 아주 어려운 질문이구만, 그래. 아주 난감한 질문이야."

"죄송합니다."

"칭찬으로 하는 말이야. 보면 볼수록 보통내기가 아니란 말이지."

난 미소를 지었다. 그는 팔짱을 끼고선 다시 생각에 잠겼다.

"지금의 나에게 수학이란 아쉬움이야."

"아쉬움이요?"

"그래. 아쉬움. 못 이룬 꿈에 대한 아쉬움 말이지."

"라이프니츠 님께서 못 이룬 꿈이 무엇인데요?"

"세계 통일."

"네?"

생각지도 못한 단어에 당황스럽다. 세계 통일이라고? 혹시 내가 잘못 들은 건가?

"뭘 그리 놀란 표정이니? 내가 설마 힘으로 세계 통일을 말하는 거겠어?"

"아… 그럼 어떤 의미로 하신 말씀인가요?"

그는 콧소리를 내며 피식 웃더니 손가락으로 자기 머리를 가리켰다.

"이 머리. 나는 힘이 아니라 머리로 세계 통일을 꿈꾼 사람이야. 끝내 이루진 못했지만 말이지."

"?"

"만약에 말이다. 세상 모든 사람이 단 하나의 언어로만 소통한다면 어떻게 되겠어? 그것이 곧 세계 통일 아니겠어?"

"세상 사람 모두가 말인가요?"

"그래. 동서양의 모든 사람이 말이지."

침을 꿀꺽 삼켰다.

"그럼, 라이프니츠 님께선 설마 새로운 언어체계를 만들고 싶으셨던 건가요?"

"새로운 것을 만드는 게 아니야. 이미 있는 것이니깐."

"아, 설마…"

"그래. 수학. 나는 그저 그것의 형식을 완성시키고 싶었을 뿐이라."

"형식을 완성시킨다는 게 무슨 말이죠?"

라이프니츠는 물 한 모금을 크 소리 내며 들이켰다.

"누가 오해할 여지 없이 수학적 관념을 완벽하게 표현할 수 있는 표기법. 그게 원래 쓰이는 문자가 됐든지 새로 만든 기호가 됐든지 말이지."

"오해의 여지가 없다는 건…?"

그는 내게 종이와 펜을 주었다.

"내가 부르는 숫자를 받아적어 보라. 넷 둘 셋 둘."

"넷 둘 셋 둘 이요?"

왜인지는 모르나, 나는 일단 그가 시키는 대로 했다.

4 2 3 2

"그것이 넷 둘 셋 둘 이야?"

"?"

그는 종이를 도로 가져가더니 뭔가를 적은 후에 다시 내게 주었다.

"내가 말했던 건 바로 이거야."

4 4 3 3

'넷' 두 개와 '셋' 두 개. 말 그대로 넷 둘 셋 둘…?

"일상에서 쓰는 언어란 말이지. 종종 명확하지가 않아. 때로는 같은 말에 여러 뜻이 있기도 하고, 때로는 순서에 따라 전혀 다른 뜻이 되기도 하고 그런단 말이지. 그러니 오해의 여지가 없으려면 수학을 일상언어로 표현하는 부분들에서부터 싹 다 손을 봐야 해. 말은 쉽지만 아주 거창한 일이야."

"아…"

그러고 보니 어렴풋이 떠오른다. 내가 서연이었을 적에 수학책들을 보면 종종 한글도 영문도 아닌 이상한 기호들로 수학 문장들이 적혀있곤 했다. 어쩌면 그런 걸 말하는 걸지도…

"그런데 왜 하필이면 수학인가요?"

"?"

"물론 라이프니츠 님은 수학자시니까 수학 이론을 명확히 표현하는 일에 관심을 가지실 수 있지만, 세계 통일… 그러니까 세상 모든 사람이 수학으로 소통하는 세상을 꿈꾼다는 이상과 어떤 연결점이 있는지는 잘 와닿지 않아서요."

"아니, 아니지. 내가 아까도 말했잖아? 그거는 이미 이상도 꿈도 아니고 벌어져 있는 현실이라고."

"…"

"비록 나도 미신이라면 다 질색하지만, 유일하게 믿는 것이 있다면 수학이 창조주의 언어라는 거야. 이 세상 원리가 수학으로 설명된다는 믿음. 뉴턴 그놈도 그걸 믿으니까 프린키피아[3] 같은 책을 낸 거 아니겠어? 하지만 말이지. 저 멀리 동양에서는 이미 천년도 더 전에 연구되었던 믿음이야. 아이작이 원조가 아니라고."

라이프니츠의 입에서 '아이작'이라니. 비록 그의 말투는 거칠지만 어쩐지 뉴턴에 대해 묘한 정감이 묻어나는 듯하다.

"참으로 신기한 일이지. 서로 오간 적도 없는 먼 타지 사람들이 알고 보니까 똑같은 이야기를 하고 있었다는 게 말이야. 이거야말로 수학이 곧 세상 공통의 언어라는 의미 아니겠어?"

"이야기의 의미는 같지만 이를 표현하는 형식이 다른 게 문제라는 말씀이군요."

"바로 그거지. 역시 젊은 친구라 그런지 머리 회전이 아주 빠르구먼 그래."

모처럼 만에 가슴이 두근거린다. 만약 라이프니츠의 말대로 수학 이론을 서술하는 형식이 나라마다 상이한 일상언어에 기대는 게 아니라 명확한 기호체계로 통일된다면, 하물며 고대 그리스의 피타고라스 정리와 고대 중국의 구고현 정리가 동일한 문자와 형식으로 기록되었더라면…

"세계 모든 사람이 머리를 모아 협력하며 진리로 나아갈 수도 있겠

---

3 서양의 과학 혁명을 집대성한 뉴턴의 명저로 뉴턴의 운동 법칙과 만유인력의 법칙 등이 기술되어 있다. 원제는 '자연철학의 수학적 원리(Philosophiae Naturalis Principia Mathematica)'이다.

네요!"

라이프니츠는 한쪽 입꼬리를 올리며 고개를 두어 번 끄덕였다.

"우리네랑 뉴턴네가 싸우는 이유도 말이야. 사실 따지고 보면 서로 말이 다른 이유가 커. 똑같은 이론인데 말이 서로 다르니까 자연스레 네 편 내 편이 생기는 거라고. 수학에는 국경이란 게 없는데 국경을 나눠 사는 어리석은 인간들이 애꿎은 수학으로 싸우고 있는 거야."

그의 말투에서 많은 감정이 느껴진다. 후회, 안타까움, 아쉬움…

비록 정말로 표기법이 동일했다면 서로가 갈라지지 않았을까 하는 의구심은 차치하더라도, 참으로 흥미로운 시도임엔 분명하다. 후에 미래로 가게 된다면 라이프니츠의 이러한 시도가 어떻게 실현되었는지, 아니면 어느 시점 이후로 묻히게 되었는지도 꼭 알아봐야겠다.

"그럼, 관장님. 관장님께서 이에 대해 만드신 형식에는 어떤 것들이 있나요? 미완이라 하셨지만 일부라도 알고 싶어서요."

"… 좋구만. 아주 좋아."

라이프니츠는 여태껏 보여준 적 없는 흐뭇한 미소를 지었다. 역시 이 사람은 뼛속부터 수학자다.

"수학의 시작은 뭐니 뭐니 해도 수를 표현하는 거 아니겠어? 나는 거기서부터 시작했지."

수의 표현? 르네상스 이전이라면 모를까, 지금은 아라비아 수 체계가 꽤 널리 퍼진 상태라 딱히 건드릴 여지는 없어 보이는데.

마치 이런 나의 생각을 읽기라도 한 듯, 라이프니츠는 설명을 술술 이어갔다.

"지금 우리는 열 개의 숫자를 가지고 10을 기본 단위로 하는 수 체계를 쓰고 있어. 사람 손가락이 열 개니까는 얼핏 그럴듯하지. 하지만 20을 기본으로 하는 나라가 많다는 건 아마 자네도 잘 알 거고, 12를 기본으로 하는 곳이나 60을 기본으로 하는 문화들도 있단 말이야. 그리고 숫자를 굳이 열 개씩이나 쓰는 것도 좀 억지스럽지 않아?"

"네?"

"아랍 숫자들도 그렇고 로마 숫자들도 그렇고 청나라 숫자들도 그렇고. 사실은 이게 딱히 큰 의미 없는 기호들의 나열이란 말이야. 우리들이야 익숙하니까 그러려니 하지만은, 처음 보는 동네 꼬마애들한텐 순 억지투성이라고."

1, 2, 3, 4, 5, 6, 7, 8, 9, …

Ⅰ, Ⅱ, Ⅲ, Ⅳ, Ⅴ, Ⅵ, Ⅶ, Ⅷ, Ⅸ, …

一, 二, 三, 四, 五, 六, 七, 八, 九, …

"… 그럼, 라이프니츠 님께서는 몇을 기본으로 하는 게 타당하다고 보시는 건가요?"

"타당하고 그런 건 없지. 다만, 내가 동양의 한 오래된 책에서 아주 놀라운 발견 하나를 했는데 말이야. 자네 혹시 음양 사상이라는 말 들어봤나?"

"음양 사상이요?"

서구적 느낌이 짙은 그의 입에서 너무나 동양적인, 이질적인 단어가

튀어나와 난 순간 웃음이 나올 뻔했다.

"음과 양. 세상 만물을 바라보는 동양의 대표적인 철학이지. 만물은 음과 양이라는 두 가지 기운으로 생성됐다는 믿음이야. 자네 같은 여자는 음, 나 같은 남자는 양, 땅은 음, 하늘은 양, 물은 음, 불은 양. 이런 식이야."

"네… 그런데 갑자기 음양 사상은 왜…?"

"그 책에는 말이지. 음양 사상을 바탕으로 팔괘와 대성괘가 기록돼 있었거든. 쉽게 말해서, 음과 양이라는 두 종류의 수로 1부터 64까지가 표현되어 있어."

"?"

"우리네 대표 사상하면 무언가? 기독교 논리 아니겠어? 무로부터의 창조. 나는 말이야. 동양의 그 음양 사상이 바로 서양의 무존재와 존재 관념을 상징했다고 봤어. 단 두 가지의 숫자. 이 얼마나 단순하고도 꾸밈없는 아름다움이야?"

"말씀을 정리하자면, 라이프니츠 님께선 그 책에서 음과 양 두 종류의 숫자, 즉, 2를 기본으로 하는 수 체계를 발견하신 거군요?"

라이프니츠는 씩 웃더니 펜으로 종이에 무언가를 적기 시작했다. 그리고 내게 쓱 내밀었다.

1

10

11

100

101

110

111

1000

1001

1010

“1부터 10까지 적은거야. 어때?[4] 동네 꼬마 놈들도 이 정도라면 쉽고 재밌게 생각하지 않겠어?”

IV.

“다음 행선지는 어디야?”

라이프니츠는 방문까지 날 배웅해 주기 위해 나왔다.

---

4 298쪽 참고.

"잉글랜드로 가려고 해요."

"… 설마?"

"후훗, 네. 아이작 뉴턴을 만나보려고요."

그는 피식 웃으며 고개를 절레절레 저었다.

"그놈 만나도 내 얘기는 하지 말라. 문전박대당할 수도 있어."

나는 대답 대신 미소를 지어 보였다.

"거 언제든지 또 찾아오게. 나도 덕분에 참 재밌었어."

"감사합니다. 덕분에 많이 배워갑니다."

고개 숙여 인사를 건넸다. 라이프니츠는 손을 한번 들어 보이더니 뒤돌아 다시 방으로 들어가 버렸다.

"가시죠. 건물 밖까지 배웅해 드리겠습니다."

루카가 내 안내를 자처했다. 난 그를 따라 걸으며 라이프니츠와의 대화를 복기하려 했다.

"멀리서 두 분의 대화를 들었는데 정말 놀라우십니다. 혹시 어디에서 공부하고 계십니까?"

루카가 갑자기 나를 보며 물었다.

"라이프니츠 님에게 말씀드린 대로 지금은 여행 중입니다. 일단 잉글랜드로 갈 계획이지만, 그 이후는 모르겠네요."

"혹시 머무시는 곳이 정해지면 편지라도 한번 보내주십시오. 다음엔 제가 수잔 님에게 문답을 청하고 싶습니다."

"… 루카 님도 수학을 하시는 분인가요?"

"네. 부족한 실력이라 부끄럽지만, 라이프니츠 님을 모시며 틈틈이 배우고 공부하고 있습니다."

"부럽네요. 대단한 선생님과 함께라서요."

그는 씩 웃었다. 그런 그를 보고 나는 문득 궁금해졌다.

"라이프니츠 님께선 평소에는 어떤 분인가요?"

"관장님 말입니까?"

몇 초간 그는 생각하는 듯하더니 이내 입을 열었다.

"참 넓고 깊으신 분입니다. 그리고 이 시대에 물들지 않은 순수한 마음도 지니신 분입니다. 만나러 가신다는 아이작 뉴턴에 대해서도 관장님께서는 그 흔한 나쁜 소리 한번 하신 적 없으십니다."

"아… 제가 오해하고 있던 부분이 있나 보네요."

"세간에 알려진 관장님에 대한 안 좋은 소문은 대부분 뉴턴 측에서 흘린 거짓 선동이죠. 실제로 관장님께선 왕립학회와 프로이센 아카데미의 알력 다툼 같은 데엔 관심도 없으시니까요. 그런 데에 신경 쓸 바에는 연구와 교육에 신경 쓰는 게 학자다운 거라면서요."

"… 옳은 말씀이네요."

대화를 하다 보니 어느새 건물 입구에 다다랐다. 날 안내해 준 루카와 입구를 지키고 있는 직원과도 인사를 나눈 후, 난 가벼운 마음으로 밖에 나왔다.

짧은 재회

I.

로얄민트 조폐국. 베르누이의 말대로라면 뉴턴이 국장으로 있다는 곳. 3층 규모 거대한 건물의 아치형 입구 앞에 서서 난 호흡을 가다듬었다.

문을 열고 들어가니 본 건물 안으로 들어가기 전 안내를 해주는 작은 공간과 다섯 명의 사람이 보인다. 등 돌리고 뭔가를 하고 있는 직원 둘, 마주 서서 대화를 나누는 경찰 둘, 입구 쪽에 서서 나와 눈이 마주친 직원 하나. 정면 벽에는 층별 안내도가 크게 부착되어 있었다.

"무슨 일로 오셨습니까?"

나와 눈이 마주친 직원이 말을 걸어 왔다.

"아이작 뉴턴 국장님과의 면담을 신청하고 싶어서 왔는데, 어떻게 하면 되나요?"

"국장님이요?"

안에 있던 나머지 네 사람의 눈이 일제히 나를 향했다. 역시. 이건 너무 이례적인 일인가 보다.

“누구시고 무슨 일 때문에 그러시죠?”

“이름은 수잔이고 수학자입니다. 개인적으로 연구 중인 문제에 대해 자문을 구하고 싶어서요.”

날 보던 경찰 둘이 서로에게 눈빛 교환을 한다. 내게 말을 건 안내원도 난감하다는 표정을 지었다.

“국장님께선 요새 무척 바쁘셔서 아무나 면담을 받아주시지 않습니다. 더구나 사전 연락도 없이 이렇게 불쑥 찾아오시는 분은 보안상의 이유로 건물 안에 들어가시는 것을 원칙적으로 막고 있고요.”

“그럼, 면담을 예약하고 가면 안 될까요? 국장님께서 시간이 되시는 때에 다시 오겠습니다.”

“글쎄요…. 국장님께서 여유 되시는 때를 기다리는 건 좀…. 근데 대체 누구시길래 국장님과의 면담을 신청하신다는 겁니까? 아무나 신청한다고 만나실 수 있는 게 아닙니다.”

민망함에 얼굴에 열이 올랐다. 어떡해야 할지 고민하는 중, 내 눈에 벽에 부착된 안내도가 들어왔다. 혹시나 하는 마음에 찬찬히 안내도를 살폈다.

어렵지 않게 뉴턴의 이름을 찾을 수 있었다. 3층 화폐 위조 단속국 국장 아이작 뉴턴. 나는 방의 위치를 머릿속에 새겼다. 이대로 헛걸음을 할 수는 없지. 네덜란드와 바다까지 건너 얼마나 먼 거리를 날아왔는데.

인사를 하고 정문을 나온 나는 건물 벽을 따라 걸었다. 아무래도 정문 쪽에는 보는 눈이 많으니 사람이 없는 건물 뒤편으로 가야겠어.

건물 뒤로 오니 역시 지나다니는 사람이 보이지 않는다. 나는 공중에 떠서 첫 번째로 보이는 3층 외벽 창문을 통해 안을 들여다보았다. 복도로 통하는 창문이었고 다행히도 사람은 보이지 않았다.

조심스럽게 창문을 열고 안으로 들어갔다. 어쩐지 예전에 피보나치의 집에 잠입하여 은우의 작업물을 빼돌렸던 때가 생각난다. 하지만 그때와 달리 지금의 난 도둑이 아니다. 복면으로 얼굴을 가릴 필요도, 사람을 마주친다 해서 도망갈 이유도 없다.

아까 봐둔 위치의 방 앞에 가니 명패가 보인다.

Sir Isaac Newton PRS[1]

역사적인 위인을 만나는 순간이지만 의외로 긴장이 되지는 않는다. 이미 앞서 너무 대단한 사람들을 여럿 보아서 그런가. 이것도 꽤 적응이 된 모양이다.

문을 두드렸다. 아무런 기척이 없기에 다시 문을 두드리고 반응을 살폈다. 하지만 이번에도 조용했다.

문을 열어보니 의외로 쉽게 열렸다. 정면의 넓은 창문 앞에서 백발의 노인 한 명이 의자에 앉아서 잠을 자고 있었다. 그 외에 따로 안내를 하는 사람 등은 보이진 않는다.

---

1 PRS는 'President of the Royal Society'의 줄임말로, 왕립학회의 회장임을 의미한다. 왕립학회의 일반적인 회원 이름엔 FRS(Fellow of the Royal Society)가 붙는다.

작은 소리로 코를 골며 깊게 잠든 노인의 앞으로 가 섰다. 이분이… 바로 그 아이작 뉴턴…? 그러고 보니 코와 입매가 서연일 적에 보았었던 그 초상화와 닮았다. 비록 그때 봤던 초상화들은 뉴턴의 젊었을 적 모습이지만.

어떻게 해야 하지? 깨워야 하나?

책상 위에 흩어져 있는, 아마도 그가 작업 중이었을 문서들이 보인다. 훑어보니 엄청난 양의 계산 흔적들과 군데군데 그래프 형태들도 눈에 들어왔고 '남해회사'라는 문구도 여러 군데서 보인다. 아마도 회사에 관한 어떤 연구를 하고 있었던 모양이다.

곤히 자고 있는 그를 깨우기는 차마 죄송스러워, 그가 일어날 때까지 옆에 있는 책장 구경을 하기로 했다. 평소에 뉴턴이 어떤 책들을 보는지도 문득 궁금해졌다.

'케임브리지 대학교 수학과 교수'라 적힌 그의 명패 옆으로 가장 눈에 잘 보이는 위치에 '프린키피아'가 보인다. 그 옆으로 '무한급수에 의한 해석에 관하여', '유율법[2]', '물체의 궤도 운동에 관하여', '광학', '보편수학' 등의 책이 나란히 꽂혀 있다. 모두 겉에 뉴턴의 이름이 적혀있는 걸로 봐선 아마 그가 그동안 쓴 책들로 보인다.

보편수학이란 제목의 책 내용이 궁금하여 책장에서 꺼내려 했다. 하지만 워낙 빽빽하게 책이 들어차 있는 탓에 잘 빠지지 않았다. 조금 더

---

2 뉴턴은 자신이 고안한 미분법을 유율법(Method of Fluxions)이라 불렀다. 이는 그가 그래프 위를 움직이는 점의 속도를 '흐르는 양(fluxio)'으로 보았기 때문이다.

힘을 더 주어 책을 잡아 빼려는데,

우르르르!

함께 꽂혀 있던 옆의 다른 책들도 왈칵 쏟아져 바닥에 떨어졌다.

"누구요!?"

머리카락이 쭈뼛 곤두설 만큼 굵직한 남성의 목소리가 뒤에서 들렸다. 뉴턴의 목소리였다.

Ⅱ.

"아무리 그렇다고 해도 젊은 여자가 채신머리없이 함부로 들어옵니까!? 남의 책장을 함부로 뒤지고!"

난 급한 대로 내가 평소 당신의 열렬한 옹호자였으며, 비록 출입을 입구에서 제지당했으나 꼭 한번 실제로 뵙고 싶은 마음에 몰래 들어왔다고 둘러댔다.

죄인 같은 모습으로 가만히 고개 숙여 꾸지람을 듣고 있는 내가 조금 불쌍해 보였는지, 뉴턴은 옆에 놓인 컵에 무언가를 따라 하얀 가루를 넣고 숟가락으로 휘적휘적 저어서 내게 건네주었다. 붉은빛의 음료였다.

"드시오. 깜짝 놀라서 큰 소리를 낸 건 미안합니다. 혼내려는 건 아니었소."

"아… 네. 놀라게 해드려 다시 한번 사과드립니다."

나는 조심스레 그가 건넨 음료를 마셔보았다. 무척 달콤하고 향기롭다.

"이건…?"

"홍차요. 입맛을 몰라서 내 취향대로 설탕을 탔으니, 만약 너무 달거든 차를 좀 더 따라 드시면 됩니다."

"아! 이게 홍차였군요. 너무 오랜만에 마시는 거라 잊고 있었네요."

그는 훗 하고 웃고선 자신이 마시던 컵을 탁자 위에 내려놓았다.

"그나저나 진짜 이유가 뭡니까? 설마 내 얼굴 하나 보겠다고. 이런 막무가내 행동을 할 사람 같아 보이지는 않고. 뭔가 다른 용건이라도 있습니까?"

"… 실은."

나도 마시던 컵을 내려놓았다.

"각지를 돌아다니며 수학자분들을 만나고 있습니다. 당연히 이 시대 최고의 수학자이신 뉴턴 님을 먼저 뵈었어야 했는데, 거리와 동선 문제로 인해 이제야 찾아오게 되었네요."

"여행이라고요? 혼자서요?"

"네."

"헛허. 막무가내 행동을 하시는 분이 맞군요. 그런데 왜요? 수학자들을 만나서 뭘 하시려고?"

"순수한 제 호기심입니다. 수학자 분들을 만나 뵙고 가르침을 얻고. 그분들이 어떤 사람인지 느끼면서 많이 배우고 있습니다."

"그래요? 그럼, 저 이전에는 누구를 만나셨습니까?"

"피스코피아 교수님, 로피탈과 요한 베르누이 선생님, 그리고…"

"그리고?"

"뉴턴 님에게 왔습니다."

"… 거짓말이군요."

그는 다시 훗 하고 웃더니 말을 이었다.

"그 경로대로라면 라이프니츠를 만나고 오지 않을 이유가 없잖습니까. 설마 제 앞이라서 숨기는 겁니까?"

역시 예리하다. 나름 표정 관리까지도 한다고 했는데.

"예… 사실은 만나고 왔습니다. 불편하실까 봐 말하지 않으려 했어요."

"잘 지내고 계십니까? 고트프리트 님은."

고트프리트란 라이프니츠의 이름이다. 그러고 보니 라이프니츠도 뉴턴을 아이작이라 불렀던 적이 있다.

뭘까? 설마 사람들에게는 잘 알려지지 않은 둘 사이의 친분이라도 있는 걸까?

"네. 그런데 괜찮은 건가요? 그분의 이야기를 해도?"

"훗. 왜요? 제가 내쫓기라도 할까 봐 그럽니까?"

뉴턴은 다시 컵을 들어 마시며 의자 등받이에 푹 기댔다.

"표정을 보아하니, 그분께선 저에 대해 안 좋은 이야기라도 하셨나 보군요?"

"아, 아니에요. 전혀요. 오히려 뉴턴 님의 이름을 부르면서 묘한 친근감을 드러내시기도 했습니다."

"… 그래도 여전히 말투는 거치셨을 테죠."

"네. 그건…"

돌연 그는 큰소리를 내며 웃었다. 분명히 뉴턴도 라이프니츠에 대해 별다른 악감정을 갖고 있지는 않은 듯한 분위기였다.

그렇다면 혹시…

"뉴턴 님. 어쩌면 실례되는 이야기일 수도 있지만, 두 분께서는 왜 지금처럼 거리를 두고 계신 건지요? 현 수학계의 지도자와도 같은 두 분이 손잡는 모습을 저뿐 아니라 많은 후학도 간절히 바라고 있습니다."

"그게 본론입니까? 저를 찾아온."

"아니요. 이게 원래 목적은 아니었습니다만."

"저 같은 소인배가 이제 와서 어찌 감히 거인의 손을 잡을 수 있겠습니까?"

전혀 예상치도 못한 그의 발언에 나는 깜짝 놀랐다.

"그분은 이미 저로 인해 너무 많은 상처를 받았습니다. 이제 와 제가 그분께 손을 내민다는 건 겨우 아물어 가는 상처에 칼을 꽂는 행위나 마찬가집니다."

"네? 어째서요?"

"이미 개인 간의 싸움이 아니기 때문입니다. 그분이 물이라면 지금의 전 기름과도 같습니다. 물과 기름이 서로 화해한다고 섞입니까?"

"… 수학이라는 비누로 물과 기름이 섞일 수도 있지 않나요?"

"헛, 허허! 재밌으신 분이군요."

그는 자신의 빈 컵에 다시 차를 따라 넣었다.

“그러고 보니 아직 그쪽의 이름도 못 들었군요. 보통 분 같아 보이진 않는데, 누구십니까?”

“전혀 유명하지 않은 보통 사람이 맞습니다. 이름은 수잔이에요.”

“… 어쩐지 앞으로 또 하나의 거인이 될 사람을 미리 만난 기분이군요. 비록 첫 순간은 황당했지만 이렇게 찾아와 주어서 고맙습니다.”

“아닙니다. 오히려 저를 환대해 주시니 너무나 큰 영광이에요.”

그 순간.

갑자기 심장이 덜컥. 이내 비정상적으로 빠르게 두근거리기 시작했다. 그 덜컥거림이 너무 커서, 난 하마터면 소리를 지를 뻔했다. 이 증상은…!?

번뜩이는 생각에 자리에서 일어났다. 그리고 천천히 제자리를 돌며 감정의 변화를 살폈다. 그리고 이내 포근하게 이끌리는 마음의 방향을 찾을 수 있었다.

“뉴턴 국장님! 혹시 다음에 다시 찾아와도 될까요? 예약도 없이 불쑥 찾아온 것도 그렇고… 질문의 준비도…. 아, 저기 혹시 이후에 면담이 가능하신 날짜를 알려주실 수는 없나요?”

“갑자기 무슨 일입니까? 어디에 뭐 놓고 오신 거라도 있습니까?”

“아니 저… 그게… 아무튼 죄송합니다! 다음에 다시 올게요!”

나는 자리를 박차고 복도로 나왔다. 곧장 복도 끝 창가로 달려가 다시 한번 이끌림의 방향을 탐색하였다.

틀림없다. 이 느낌은. 은우가 이 시대로 온 거다!

Ⅲ.

이 갑작스러운 이상증세와 심경 변화는 내가 사나야였던 시절, 알레시오로 은우가 왔던 그 순간에 겪은 바로 그 증상과 동일하다. 그리고 그때와 같다면 이 이끌림이 가리키는 방향은 곧 그의 삶이 덧씌워진 곳. 그 방향이 지금 남동쪽을 가리키고 있다.

일단은 무작정 남동쪽에 있는 라이프니츠의 주변으로 이동해 보았다. 그리고 다시 한번 방향을 탐색해 본다. 여전히 태양이 떠 있는 쪽, 남쪽이었다. 이곳에서 남쪽이라면…

오일러가 있는 곳으로 이동해 보았다. 또다시 제자리에서 천천히 한 바퀴를 돌아본다. 이끌림의 방향은 또다시 동남쪽을 가리키고 있었다. 설마…

피스코피아 교수님이 계시는 곳으로 이동해 보았다. 익숙한 복도가 눈 앞에 펼쳐지며 심장의 두근거림이 더욱 빨라짐을 느낀다. 하지만 은우가 있는 방향은 여기보다도 더 남쪽이다. 여기서 남쪽으로는 더 이상 내가 아는 사람이 없는데…

건물 밖으로 나왔다. 많은 학생이 파도바 대학 광장을 돌아다니고 있다. 난감하다. 공간 이동을 할 수도, 이 많은 사람이 있는 곳에서 날 수도 없는 노릇이다.

애타는 마음에 어찌할 줄 몰라 발만 동동 구르다 보니 머리까지 어지러워지려던 차, 나는 이끌림의 방향이 남쪽에서 빠르게 서남쪽으로 바뀌고 있음을 느꼈다.

대체 어디서 무엇을 하길래 이렇게 빠르게 이동하는 걸까. 배? 아니면 말? 하지만 더욱 황당한 건 이런 생각을 하는 와중에도 은우의 위치가 계속해서 변하고 있다는 사실이었다. 이제는 남서쪽을 지나 거의 서쪽에 다다르고 있었다. 제아무리 말을 달린다고 해도 하늘을 나는 수준이 아니고서야 이럴 수는 없는데…

아! 혹시!?

서쪽으로 고개를 돌렸다. 이토록 방향이 빠르게 변한다는 건 그가 먼 거리에서 무척 빠른 속력으로 이동하는 이유일 수도 있지만, 반대로 나와 무척 가까운 거리에 있는 이유일 수도 있다!

그리고 이내 난 광장의 활기 넘치는 수많은 사람 사이에서 유달리 기운 없이 걷고 있는 한 남자를 발견할 수 있었다. 익숙한 체형, 익숙한 걸음걸이.

한달음에 달려가 그의 어깨를 잡아 세웠다.

"누구…"

고개를 돌린 그와 난 눈이 마주쳤다.

"어…? 서연아!?"

나는 그를 와락 끌어안았다.

IV.

"넌 그러니까 내가 그때 눈을 가린 직후가 바로 여기란 거지?"

"어… 최대한 일찍 날 찾아오겠다더니 정말 빠르네? 체감상으로는 몇 분도 안 됐거든. 다른 때도 이럴 수가 있었던 거야? 그런데 왜 그동안은 이러지 않았어?"

"내가 그렇게 한가하기만 했는 줄 아니? 너도 참…"

"아니 뭐 예를 들어서 네가 사피야였을 때나… 아! 맞다! 나 그거 궁금했었어! 서연아, 너 예전에 그… 뭐였더라? 아! 사라였다가 사피야로 넘어갈 때. 어떻게 됐었던 거야? 병사들한테 화살 맞고 나서 그놈이 네가 뭐 죽었다느니 어쩌느니 헛소리를 늘어놓던데!"

"죽었었어. 왜?"

"뭐?! 그럼, 그 말이 진짜였다고? 그런데 어떻게… 아니. 일단 정말 미안해. 진짜. 그땐 내가 미친놈이었어. 진짜 미안하다…."

은우는 갑자기 바닥에 무릎을 꿇더니 내 양 무릎을 잡고서 머리를 숙였다. 광장의 사람들이 이상한 눈초리로 우리를 비웃으며 지나간다. 민망함에 나는 손바닥으로 은우의 등을 찰싹 때렸다.

"으악!"

"사람들 다 지나다니는 데 이게 뭐 하는 거야?! 됐어. 네 사과는 이미 받았었잖아. 편지로."

"어? 아… 너 설마 그 짧은 새에 그걸 다 훑어본 거야? 내가 밤을 새우면서 쓴 거였는데. 아오… 씁. 아파라."

"후훗. 엄청난 악필이던데 그 와중에 한글로 쓴 건 칭찬해주고 싶었어. 다른 사람들이 혹시 봐도 못 읽도록 일부러 그런 거지?"

"당연하지. 거기에 네가 옛날에 나 과외 해줄 때 가르쳐 줬던 수학 내용들도 좀 적었었는데. 혹시 거기까지도 봤어?"

"내가 너의 과외를 언제 해줬니? 기껏해야 학원에서 조금씩 봐준 게 다지."

"아하하. 그게 나한텐 거의 과외 수준이었으니까. 진심 나 너 덕분에 3점짜리들은 거의 정복했었거든!"

"그럼, 그때 과외비라도 좀 주지 그랬어?"

"어… 그래서 내가 맨날 빵 사주고 음료수 사주고 떡볶이도 사주고 그랬었잖아! 내가 너 자주 사줬던 건 기억 안 나?"

"… 너 설마. 그게 내 과외비를 주는 거라 생각해서 그랬었던 거야?"

"어!? 아, 아니…? 당연히 그런 거는 아니었는데. 이게 말이 그렇게 되나? 아니야! 진짜 그런 의미는 아니었는데…"

당황해서 뒷머리를 만지는 그의 모습에 웃음이 나왔다. 그리고 이내 눈물이 핑 돌았다. 그래. 이런 기분이었었어. 한동안 또 잊고 살았어.

아무 얘기나 더 하고 싶어 말을 꺼내려는 찰나. 은우는 갑자기 자리에서 일어나 주위를 두리번거렸다.

"왜 그래?"

"그놈! 보통 지금쯤이면 나타나거든. 분명 어딘가에서 또 음흉하게 우릴 보고 있을 거야."

"괜찮아. 이젠 나타나지 않아. 내가 없앴거든."

"뭐? 그게 무슨 말이야?"

"그동안 나에게 큰 변화가 있었거든. 덕분에 이제 나에게는 문제 될 게 없지만, 여전히 너에게는 걔가 큰 위협이 될 것 같아서 내가 미리 존재를 지워버렸어. 이제 걘는 더 이상 세상에 존재할 수 없어. 내가 있는 한."

은우는 반쯤 입을 벌린 채 놀란 얼굴로 멍하니 날 바라보았다. 난 피식 웃었다.

"그런데 너 전에도 그렇고 왜 걜를 '놈'이라고 하는 거야? 여자애잖아."

"어어? 여자애?"

"응."

"아닌데… 남자 녀석인데. 나랑 키 비슷하고 얼굴 싸가지 없게 생긴."

무슨 말인가 싶어 은우의 얼굴을 보았다. 그리고 난 진지하게 얘기하는 그의 표정에서 어쩐지 싸한 기분을 느꼈다.

"어머. 저거, 저거!"

뒤에서 갑자기 누군가 뛰어오는 소리가 들리더니 딱! 하고 뒷머리에 충격이 전해졌다.

돌아본 나는 깜짝 놀랐다. 피스코피아 교수님이었다.

"너! 여기서 뭐 하고 있는 거야!? 이 기집애가. 말없이 사라져서 진짜로 여행이라도 떠난 줄 알았잖아! 대체 그동안 어디서 뭘 하고 있었어?"

내가 일어나 답하려는 찰나. 은우가 교수님의 어깨를 밀치며 우리 사이에 끼어들었다.

"너냐? 서연이가 말한 여자애라는 게?"

"으, 은우야! 아니야 그분은!"

"어, 어어?"

난 얼른 일어나 은우를 뒤로 잡아채고 교수님께 고개를 숙였다.

"죄송합니다! 교수님. 얘가 오해를 했나봐요. 정말 죄송합니다."

"… 뭐니? 저 남자애는?"

"아 그게…"

자신이 크게 실수한 걸 깨달았는지, 은우는 내 옆으로 와서 교수님께 머리를 숙였다.

"죄, 죄송합니다! 다른 사람인 줄 알고…! 서연인 잘못 없어요. 제가 실수한 겁니다!"

"누구니 넌? 복장이 우리학교 학생같아 보이는데."

"네, 저, 저는 이 학교 학생인 안드레…"

"은우에요! 이은우."

난 은우의 말을 가로챘다.

"이은우? 무슨 이름이 그래? 유학온 애니?"

은우도 영문을 모르겠다는 눈치로 날 보았다. 나는 은우의 눈을 보며 말했다.

"이게 너의 본명이야. 이은우. 엘마이온도 율리우스도 이아손도 아미르도 알레시오도 아닌. 이은우. 그게 바로 너의 진짜 이름이야."

V.

"… 아무래도 이 자세는 좀 아닌 것 같아. 솔직히 쪽팔려."

“그럼 어떡해? 다시 안아줄까?”

“아, 아니. 그건 훨씬 더 미칠 것 같이 쪽팔려…”

난 지금 은우를 등에 업고서 잉글랜드 해협 위를 날고 있다.

그동안 적지 않은 일이 있었다.

우선 피스코피아 교수님께 학교를 더 이상 다니지 않겠다는 말씀을 드렸다. 교수님께선 내가 이상한 남자애와 눈 맞아서 정신 나간 소리를 한다며 불같이 화를 냈지만, 며칠을 꾸준히 찾아가서 말씀드린 끝에 결국 마음이 바뀌면 다시 돌아오라며, 내 퇴학 처리는 최대한 미뤄두고 있겠다는 말씀으로 허락을 대신하셨다. 사실 허락 여부를 떠나서, 그동안 교수님과의 인연을 아무것도 아닌 것처럼 끝내고 싶지 않은 마음이었다.

나와 은우가 그동안 이 시대의 삶에서 머물렀던 각자의 집을 정리하는 시간도 가졌다. 물론 우리가 만약 이 시대를 떠나게 된다면 우리의 흔적들도 알아서 말끔하게 사라질 테지만, 다른 삶에서와는 달리 이번엔 떠남을 준비하는 마음가짐이 달랐던 이유가 크다. 한 번도 해보지 못했던, 우리 손으로 우리의 뒷정리를 해보고 싶었다. 하루는 내가 은우의 집에 가서 일을 도와주었고, 또 다른 하루는 은우가 내 집에 와서 일을 도와주었다.

무엇보다도 은우와 함께 시간을 보내며 그동안 쌓아두었던 많은 이야기를 나누었다. 나의 기괴한 인생에서 손꼽을 수 있는 가장 행복한 요 며칠이었다. 물론 그 행복은 지금도 진행 중이고 말이다.

이후부터 무엇을 할까 의논을 하다가 아이작 뉴턴이 떠올랐다. 경황이 없어 그와의 만남을 이상하게 끝낸 아쉬움도 있지만, 내가 소니아였던 시절 율리우스였던 은우에게 말해준 '세계 3대 수학자' 이야기를 은우가 용케도 기억하고 있었다. 그 사람이 진짜로 이 시대에 있는 거냐며 은우가 먼저 나에게 만나러 가자 했다.

놀라운 건, 은우가 정작 미래에서 교과서로 그토록 많이 보았던 뉴턴의 이론들을 기억하진 못하고 있다는 사실이었다. 단순히 은우가 당시에 공부를 대충 했던 거라 생각할 수도 있지만, '그녀', 또는 은우가 말하는 '그 녀석'이 당시 은우의 기억을 그만큼 철저하게 지웠던 거라고 나는 생각한다. 그녀에게 내가 실패한 무대 주인공이었던 만큼, 더욱 철저하게 다음 무대의 주인공을 준비했던 게 아니었을까. 나에게서 기억 되돌림의 잘못된 열쇠였던 '이름'이란 단서를 얻어가 은우의 이름을 완벽하게 지워버렸듯이.

"나도 너처럼 나는 법을 익히면 참 좋을 텐데."

은우가 뒤에서 볼멘소리를 한다.

"말했잖아. 나는 법을 익히는 게 아니라 세상을 다르게 보는 법을 익혀야 한다고. 그러면 나는 거뿐만 아니라 뭐든지 할 수 있어. 너의 자유로운 발상 안에서."

"어려워, 어려워… 세상을 구성하는 공리를 느껴 보라니. 그게 대체 말이야 방구야."

"후훗. 나도 스스로 생각해서 깨달은 건 아니라니까. 꿈에서 미래도 갔다 오고 현재에서 과거로도 가보고. 그런 일들을 겪고 나서 자연스럽게 깨닫게 된 거지."

"… 나한테는 그런 계기가 안 찾아오려나?"

"너에게는 내가 있잖아. 굳이 은우 너가 직접 뭔가를 할 필요 없이 나에게 말해. 다 해줄게."

"그러면 나도 네 능력을 갖게 해주라. 서연아. 남자가 모양 빠지게 여자 등에 업혀서 이게 뭐냐 진짜. 에휴."

"… 그것만은 나도 무리야. 미안."

시답잖은 대화를 나누다 보니 어느새 저 멀리에 잉글랜드 영토가 보이기 시작했다.

"은우야. 육지에 가까워지면 더 빠르게 비행할 테니까 꽉 잡아."

"지금도 눈을 못 뜰 정돈데, 더 빠르게 간다고?"

"응. 사람들 눈에 띄어서 좋을 게 없거든. 나를 본 어떤 애는 아직도 내가 하늘에서 온 천사라고 오해해."

"짜식. 누군진 몰라도 보는 눈은 있네. 서연이 네가 좀 천사 같긴 하지."

얼굴이 화끈 달아올랐다. 민망함을 날려 보내기 위해 난 있는 힘껏 속력을 높였다.

절규와도 같은 은우의 비명 소리가 망망대해를 뒤덮었다.

VI.

조폐국 건물에 도착한 우리는 내가 지난번에 했듯이 건물 뒤편으로 몰래 들어가는 방법을 택했다. 은우는 정문을 지키고 있는 이들을 내 능력으로 모두 잠재워 버리면 그만 아니냐 했지만, 굳이 소란의 여지를 둘 이유가 없기 때문이다.

"저기 보이는 방이 뉴턴의 업무실이야. 마음의 준비는 됐지?"

"하하. 몰래 들어오는 꼴이 마치 우리 옛날에 히파소스 스승님이랑 피타고라스 대화 엿들었던 때를 떠올리게 하는데?"

"… 그럼, 존댓말 해. 넌 아쿠스마티코이잖아."

"얼씨구? 아르키메데스 녀석한테 쩔쩔매던 분이 누구실까?"

"후훗. 그거는 너 아니야?"

"야! 내가 그놈 이겼었다니까? 누가 누구한테 쩔쩔맸다고 그래?!"

"쉿! 조용. 안에 누가 있나 봐."

뉴턴의 방에서 마치 싸움이라도 난 것 같은 소리가 들려온다. 이런… 그가 한가한 때이기를 바랐는데.

"그때라도 전부 넣었으면 결과적으로 거의 3.5배 수익이 났을 거 아닙니까!? 하락장이라 해도 20일선을 지지하고 매수세가 이어지고 있는데!"

뉴턴의 목소리다.

"저뿐 아니라 분석가들 사이에선 지금 이게 전례 없는 거품이라 평가하고 있습니다. 이런 때에 위험을 감수하는 건 바보 행위입니다. 국장님.”

“남해회사잖습니까? 잉글랜드가 망하지 않는 한 무너지지 않는 회사라고요! 지난번 전 저점 찍을 당시 제가 매수하라 했을 때도 어물쩍거리다 때를 놓치는 바람에, 제 친구들 다 파티하는 동안 저 혼자 쓰린 속 부여잡게 하시더니! 이번에 또! 또!”

(“서연아. 심각한 상황인 거 같은데? 어떡해?”)

(“글쎄… 저번에 봤을 때는 저렇게까지 열을 낼 사람 같아 보이진 않았는데.”)

잠시 조용해지는가 싶더니 이내 다시 뉴턴의 고함과도 같은 소리가 들려온다.

“제가 계산한 대로면 수일 내로 5일선과 60일선이 교차하는 때가 옵니다. 그때는 정말 차입 가능한 액수까지 전부 끌어다가 시장가로 전량 매수하세요! 실장님의 잘못된 판단으로 인해 날려버린 지난 기회들! 만회할 수 있는 마지막 기회입니다. 만약 이번에도 우물쭈물하셨다가는 사직서 쓸 각오하는 게 좋을 겁니다!”

무슨 상황이기에 뉴턴의 입에서 사직서란 단어까지 나오는 걸까.

(“안 되겠다. 은우야. 다음에 다시 오는 게 좋겠어.”)

(“으응… 그래.”)

우리는 조용히 뒤돌아서 들어왔던 창문으로 다시 빠져나와 땅으로 내려왔다.

“후아! 뉴턴 저 사람 무지 살벌한 인간이네! 내가 우스갯소리로 피타고라스 얘기를 꺼냈지만, 진짜로 피타고라스가 생각나는 분위기였어.

저런 사람이면 나중에라도 다시 오긴 좀… 내키지 않는데?"

"무언가 큰일이 있었나 봐. 하필 찾아온 때가 안 좋았던 것 같아."

우리 둘 다 놀란 가슴을 쓸어내리느라 아무런 말 없는 시간이 찾아왔다. 문득 내 머릿속에는 예전의 물음표가 다시 떠오른다. 이제는 뭘 하면 좋지?

"서연아."

"응?"

"기왕 이렇게 된 거. 우리 아주 멀리 가보는 건 어때?"

"아주 멀리? 어디로?"

"한국!"

생각지도 못한 은우의 제안에 나는 웃음부터 나왔다.

"여기서 거기까지 얼마나 먼 줄 알고? 그리고 지금은 한국이 아니라 조선이라 해야지. 바보야."

"뭐, 어쨌든 어차피 우리한테 남아도는 건 시간이잖아? 너의 능력이 있으니 가다가 굶어 죽을 일도 없고. 아까 날던 속력이면 의외로 금방 도착하지 않을까? 하하."

조선이라. 우습기는 하지만 한편으로 곰곰이 생각해 본다. 은우의 말대로 사실 가자고 마음만 먹는다면 못 갈 건 없다. 그리고 어쩌면 우리의 고향과도 같은 땅에서 예상치 못한, 예를 들면 우리의 기이한 삶에 대한 어떤 단서 같은 걸 발견하게 될지도 모를 일이고…

"그래. 가보자."

"오오! 좋았어. 우리의 선조들이 어떻게 생겼는지도 이참에 한 번 구경해 보자고!"

"아니. 그건 안 된다."

난데없이 낯선 사내의 목소리가 끼어들었다. 나와 은우는 소스라치듯 놀라며 목소리의 주인을 돌아보았다.

"이럴 줄 알았어. 너희 둘. 특히 수잔. 너."

"너… 네놈이 어떻게…"

"누구야? 은우 네가 아는 사람이야?"

은우는 넋이 나간 표정으로 우리에게 다가오는 사내를 보고 있다. 직감적으로 알 수 있었다. 저 남자가 바로 은우가 말하던 '그 녀석'이란 걸.

"크크. 수잔. 오랜만이지? 이렇게 다시 네 짜증 나는 얼굴과 마주하게 되네."

"… 나를 알아?"

"푸하하! 너 내가 누군 줄 모르는 거야? 봐봐. 나야 나!"

그러고 보니 어쩐지 익숙한 느낌이다. 말투나 행동거지나… 비록 외모는 남자이지만, 내가 소멸시켰던 '그녀'의 분위기를 묘하게 느낄 수 있다.

"분위기가 느껴지는 게 아니라, 내가 너의 '그녀'가 맞아. 네가 소멸시켰던."

"뭐!?"

그럴 리가… 그럴 수는.

"없다고? 와. 전지전능한 수잔 님인 줄 알았는데. 모르는 것도 있구나, 너?"

“어떻게 된 거지? 어떻게 네가 다시 존재하는 거야?”

“뭐. 이거야말로 나도 잘은 모르겠지만, 아무래도 안드레아 때문 아니겠어?”

“안드레아?”

“내 이름이야, 지금 시대의.”

얼어있던 은우가 읊조리듯 말했다.

“수잔, 네가 나한테 그랬지? 내가 너에게 함의되는… 뭐시기라고.”

“…”

“아무래도 네 남친은 여전히 나에게 함의되는… 뭐시기라고 본다. 너는 날 소멸시켰다고 생각했겠지만, 사실 난 계속 안드레아 곁에서 맴돌고 있었어. 덩달아 네 행동도 감시하고 말이지.”

그녀, 아니, 관리자의 말을 들으며 난 이게 어떻게 된 일인지를 파악할 수 있었다. 그리고 마음이 내려앉는 듯한 절망감이 찾아왔다.

나만 있는 세상에서는 분명히 관리자가 존재할 수 없다. 하지만 은우는 여전히 관리자의 세상에 함의되는 존재이기에, 내가 관리자의 존재를 부정함과 동시에 은우의 존재까지 부정해 버리지 않는 한, 나와 은우가 함께 있는 세상에서는 관리자가 사라질 수 없다. 은우는 존재하면서 동시에 관리자는 존재하지 않는 세상이란 모순적이기 때문이다.

“그런데… 왜 이제야 나타난 거야? 은우가 이 시대에 덧씌워진 순간 너도 함께 왔을 텐데.”

“네 표현대로 하자면 그동안은 너희가 딱히 무대를 벗어나는 행동을 하진 않았으니까 놔뒀지, 뭐. 그동안 나도 나름대로 작전을 구상해 봤고. 그런데 그 작전을 실행할 타이밍이 바로 지금인 거 같아서 뿅 하고 나타났단다."

"작전?"

"그래. 너희 둘 중 하나를 없애는 작전. 그리고 십중팔구 없어지는 사람은 너일 거야. 수잔."

"네가 나를? 그게 가능할 것 같아?"

관리자는 큭큭 소리를 내며 웃었다.

"불가능하지. 사실 네 곁을 돌며 수십 번을 이리저리 시도해 봤거든. 분하지만 네 말대로 넌 나를 넘어선 거 같더라. 안 먹혀. 아무런 방법도."

당연하다. 하지만 그 사실을 앎에도 불구하고 저 자신감 있는 태도는 뭐지.

"널 없애는 사람은 내가 아니라 너 자신일 거야. 수잔아. 맞는지 아닌지 이제부터 봐 볼래?"

"내가 나를 없앤다고? 그게 대체 무슨 소리…"

내 말이 끊기기도 전에 관리자는 빠르게 손을 앞으로 뻗었다. 그 대상은.

"으아아아악!"

우두커니 서서 우리 대화를 듣고 있던 은우가 갑자기 찢어지는 괴성을 지르며 바닥에 쓰러졌다.

"아, 안 돼! 멈춰! 멈추지 못해?!"

나는 관리자를 향해 손을 뻗었다. 다시 그의 존재를 부정해 보았다.

하지만 예전처럼 사라지지 않는다. 그렇다면 방법은…

"오… 오오…! 야, 이거! 수잔. 너 설마 나에게 고통을 주고 있는 거냐?!"

"그래! 그러니까 어서 멈춰!"

"크크크… 시, 싫다면?"

난 더욱 강한 고통을 관리자에게 주입하였다.

"으아악…! 이런 거구나!? 이야… 왜 너희들이 그동안 그토록 기억 조작 증상에 학을 뗐던 건지 알 것 같네! 푸하하하! 그런데 어쩌냐? 넌 나에게 고, 고작 고통을 주는 게 다… 지만, 난 쟤를 죽일 수도 있는데!?"

갑자기 은우의 비명소리가 더욱 커졌다. 이제는 아예 바닥을 구르며 고통을 울부짖고 있었다.

불현듯 떠오른 묘책으로 나는 남은 한 손을 은우에게 뻗었다. 그리고 그의 고통을 없애주려 했다. 하지만…

"크크. 야! 안 돼, 안 돼. 쟤는 내 세상에… 함의… 그 뭐시기라니까? 네가 고통을 줄이려고 하지? 그… 그럼 나는 그만큼 더 많은 고통을 주기만 하면… 그, 그만이거든! 크크크."

절망스럽다. 은우는 이제 눈까지 뒤집혀서 발작 증세같이 온몸을 떨고 있다.

"이야…! 근데 이거 진짜… 괴, 괴롭다야! 딱… 딱, 3초만 줄게. 더는 나도 못 견디… 겠네."

"…?"

"내가 3초…를 세면 네 남친은 죽는다."

"아, 안 돼 그건! 잠깐만 기다려!"

"하, 하나…!"

도대체 어디서부터 잘못된 걸까. 왜 나는 미리 이런 상황을 예상하지 못했던 거지? 설령 관리자의 말대로 내가 나를 소멸한다고 해도 남아있는 은우의 운명은 결국…

"둘! 푸, 푸하하하!"

눈물이 난다. 모두… 내 잘못이야.

이 상황을 되돌릴 수만 있다면. 내가 내 능력에 자만해서 안주하지 않고 앞으로 벌어질 이런 가능성에 대해 조금만 더 대비해 뒀었더라면…

"세, 세에…"

모든 것을 포기하려는 순간, 별안간 관리자의 목소리가 길게 늘어진다. 그리고 내 두 눈에 짜릿한 기운이 마구 스쳤다. 두 귀로 심장 박동 소리가 빠르게 진동하며 온몸으로 소름이 퍼진다.

이건 또 무슨 현상일까… 싶은 나의 무의식적인 눈 깜박임에 맞춰 갑자기 내 눈앞의 세상은 뒤바뀌었다.

초록의 들판 위로 상쾌한 바람이 분다. 나는 마차를 타고서 어딘가로 가고 있다.

상황 파악이 되지 않아 잠시 멍해진 나는, 내가 메고 있던 가방을 무심코 열어 안의 내용물을 살폈다. '추천서'라고 적힌 서류가 보인다. 적혀있는 발신인은 마랭 메르센…

설마! 여기는!

"저, 저기요. 여기가 혹시 어디죠?!"

나는 마부에게 큰 소리로 물었다.

"여기 말입니까? 보르도지요 아가씨!"

가방 속 서류를 꺼내 다시 한번 보았다. 마랭 신부님의 분명하고 멋들어진 글씨로 '샤를롯'이 쓰여 있었다.

뉴턴은 어떤 사람인가?

아이작 뉴턴(1643년~1727년)은 잉글랜드의 수학자, 물리학자이다.

[1]

케임브리지 대학교 재학시절 흑사병의 유행으로 뉴턴은 휴학을 하고 2년 동안 고향에 내려갔는데, 이 시기에 그는 이후 업적 대부분의 발견을 했다고 전해진다. 그 유명한 '사과 일화'도 이 무렵의 일이었다.

1667년에 석사 학위를 받고 1669년에 케임브리지 대학교 수학과 교수가 된 후, 그는 본격적으로 미적분학 연구를 시작하였다.

1687년에 그가 출간한 『자연철학의 수학적 원리(프린키피아)』는 고전역학과 만유인력의 기본 바탕을 제시하며, 수리물리학의 시작을 열었다는 평가를 받는다. 이후로 거의 모든 물리학 이론에는 수학적 모델링이 필수적으로 요구되고 있다.

1689년에 그는 국회의원으로 정치적 활동을 시작했으며 1696년에는

---

1 이미지 출처: https://www.wikidata.org/wiki/Q935

왕립 조폐국 국장직을 맡는다. 이후 그는 생애 마지막까지 이 직책을 수행한다. 1703년에는 왕립학회의 회장으로도 취임하였다.

여담으로 그가 말년에 주식투자로 전 재산의 90% 정도 손실을 본 일화도 유명한데, 이에 대해 그는 "천체의 움직임은 계산할 수 있지만, 사람들의 광기는 계산하지 못하겠다."라는 명언을 남기기도 했다.

라이프니츠는 어떤 사람인가?

고트프리트 빌헬름 라이프니츠(1646년~1716년)는 독일의 대표적인 수학자, 철학자로 꼽히지만, 사실상 공헌한 분야가 매우 많은 박식가였다.

[2]

수학자로서 그는 뉴턴과 별개로 무한소 미적분학을 창시했으며 함수의 개념을 정립하고 행렬, 이진법 등의 개념을 다듬었으며 위상수학과 수리논리학의 탄생을 예견하는 등 혁신적인 업적들을 남겼다. 기계적 계산기 분야에서 가장 많은 발명을 했다는 평가도 받는다.

라이프니츠-뉴턴 미적분학 논쟁은 1600년대 말부터 끓어오르기 시작했으며, 1708년에 스코틀랜드 수학자 존 케일이 왕립학회 저널에 '라이프니츠가 뉴턴의 미적분학을 표절했다.'라는 논지의 글을 기고함으로

2 이미지 출처: https://www.wikidata.org/wiki/Q9047

써 본격화되었다. 하지만 1900년대 이후의 수학자들은 대체로 미적분학에 대한 라이프니츠와 뉴턴의 독자성을 인정하는 분위기다.

생전에 그가 남긴 학문적인 기여는 수학, 철학, 물리학, 지질학, 의학, 생물학, 발생학, 역학, 수의학, 심리학, 외교학, 공학, 언어학, 문헌학, 사회학, 형이상학, 윤리학, 경제학, 정치학, 법학, 역사학 등 몹시 방대하다.

여담으로 동양 철학에도 이해가 깊었던 그는 유교 사상을 유럽에 전파하려 했던, 당시 유일한 주요 서양 철학자이기도 하다.

로피탈과 베르누이의 계약

1696년에 기욤 드 로피탈은 그의 책『곡선의 이해를 위한 무한소 분석』을 출판했다. 이 책은 무한소 미적분학에 관한 최초의 교과서였으며 미분학의 아이디어와 곡선의 미분 기하학에 대한 응용을 명쾌하

〈기욤 드 로피탈〉[3]

〈요한 베르누이〉[4]

3 이미지 출처: http://serge.mehl.free.fr/chrono/Lhospital.html

4 이미지 출처: https://www.wikidata.org/wiki/Q227897

게 제시한 책으로 높이 평가받는다.

하지만 이 책이 출판되기까지의 과정은 이후 오랜 논란의 대상이 되었다. 1694년에 로피탈은 자신의 과외 선생인 요한 베르누이와 다음과 같은 조항이 포함된 계약을 한 것이다.

매년 300리브르를 지급하는 대가로 베르누이는 로피탈에게 자신의 최신 수학적 발견을 알리고 바리뇽[5]을 포함한 다른 사람들과의 서신은 보류한다.

실제로 로피탈의 책 내용은 대부분이 요한 베르누이의 연구내용이었으며, 서문마저 문학가 베르나르 퐁트넬의 문장이었음이 밝혀진다. 하지만 위 계약 내용으로 인하여 베르누이는 로피탈의 사후에야 비로소 자신의 연구 업적을 드러낼 수 있었다.

참고로 오늘날 '로피탈의 정리'라 불리는 정리도 이 책에 수록된 내용이다.

---

5 피에르 바리뇽(1654년~1722년)은 프랑스의 수학자이다.

에피소드 8에 나오는 수학

① 평균변화율과 순간변화율

평균변화율은 독립변수의 변화량에 따른 종속변수의 변화량의 비로, 함수 $y=f(x)$에서는 두 점 사이의 기울기로 이해할 수 있다.

$$\text{평균변화율} = \frac{\text{종속변수 } y\text{의 변화량}}{\text{독립변수 } x\text{의 변화량}} = \frac{\Delta y}{\Delta x}$$

평균변화율에 극한을 적용하여 순간변화율(미분계수)이 정의되므로, 평균변화율은 미분의 개념을 정립하는 데 중요한 기초가 된다.

$$\text{순간변화율} = \lim_{\Delta x \to 0} \frac{\Delta y}{\Delta x}$$

② 도함수와 미분계수

도함수는 함수 $y=f(x)$를 미분하여 얻은 함수 $f'(x)$를 말하며, 도함수의 함숫값이 곧 미분계수이다. 즉, 미분계수를 구하기 위한 함수를 도함수라고 이해할 수 있다. 예를 들어 $f'(x)$에 $x=a$를 대입한 값 $f'(a)$는 함수 $y=f(x)$의 $x=a$에서의 미분계수이다.

③ 곡률과 변곡점

곡률은 굽은 정도를 뜻하며 학문 분야와 상황에 따라 다양한 종류의 곡률을 정의한다.
평면곡선에서 곡률은 일반적으로 이계도함수의 값으로 정의할 수 있다. 이계도함수란 도함수를 미분하여 얻는 함수, 즉 함수 $y=f(x)$를 두 번 미분하여 얻은 함수 $f''(x)$를 말한다. 이때 곡률의 음양이 바뀌는 점을 변곡점이라 한다.

$f(x)$ **함수**	— 미분 →	$f'(x)$ **도함수**	— 미분 →	$f''(x)$ **이계도함수**
| $x=a$ 대입 ↓		| $x=a$ 대입 ↓		| $x=a$ 대입 ↓
$f(a)$ **함숫값**		$f'(a)$ **미분계수**		$f''(a)$ **곡률**

④ 극대와 극소

$x=a$에서의 함숫값 $f(a)$가 $x=a$를 포함한 근방의 모든 함숫값보다 클 수 있으면 극대, 작을 수 있으면 극소라 한다. 이때 근방이 전체 구간일 필요는 없으며 근방의 끝이 $x=a$이어선 안 된다. 따라서 때에 따라 극대가 극소보다 작을 수도 있다.

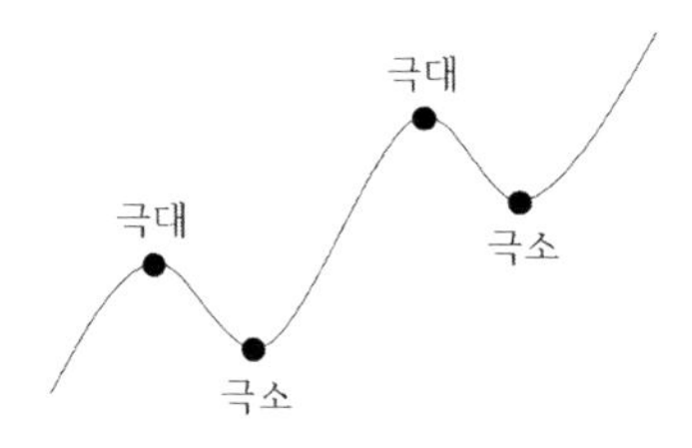

⑤ 미적분학의 기본정리

미적분학의 기본정리는 미분과 적분을 서로 연관시키는 두 개의 정리이다. 초기 아이디어는 제임스 그레고리가 제안하였으며, 아이작 베로우가 이를 더욱 일반화해 증명하였다. 이 정리의 제안과 증명으로부터 미분과 적분이 통합된 미적분학이 창시되었다. 이후 아이작 베로우의 제자인 아이작 뉴턴과 독일의 라이프니츠가 상호 독자적으로 미적분학 발전에 기여하였다.

특히 미적분학의 제1 기본정리는 미분과 적분이 서로 역연산관계에 있다는 정리로, 이 정리는 전혀 관련이 없어 보였던 수학의 두 주제가 실은 아주 긴밀한 관계를 가지고 있음을 보여주었다.

⑥ 무리수 e

무리수 e는 $\lim_{x\to\infty}\left(1+\frac{1}{x}\right)^x$으로 정의하며 그 근삿값은 2.718281… 이다. '자연로그의 밑', '오일러의 수', '자연상수', '상수 e' 등으로 불린다.

e의 값이 계산된 최초의 기록은 1618년 존 네이피어에 의해 발간된 로그표이지만, e가 특정한 상수임을 발견한 사람은 야코프 베르누이이다. 그리고 오일러가 1736년 출간한 『메카니카』에서 이를 e라고 처음 표기하였다.

⑦ 수리논리학

수리논리학은 논리학에서 사용하는 명제들을 수학적인 기호로 표시하는 학문이다. 일상 언어와 같은 자연언어의 사용에서 올 수 있는 복잡성과 오류의 가능성을 제거하고 명제를 효과적으로 쉽게 다룰 수 있도록 하기 위해 도입한 현대 논리학 이론으로서, 기호를 많이 사용하여 기호논리학이라고도 한다.

종종 집합론, 모형 이론, 재귀 이론, 증명 이론, 구성적 수학 등의 하위 분야로 분류되며, 처음 출현한 이후 줄곧 수학기초론의 연구와 영향을 주고받았다.

예를 들어 "만약 A가 B라면 C가 아니거나 D이다."라는 문장을 수리논리학에선 (A⊂B)⊂(~C∨D)와 같이 표기한다.

⑧ 2진법

2진법(binary)은 두 개의 숫자만을 이용하는 수 체계이다. 관습적으로 0과 1의 기호를 쓰며 이들로 이루어진 수를 이진수라고 한다.

컴퓨터에서는 논리의 조립이 간단하고 내부에 사용되는 소자의 특성상 2진법이 편리하기 때문에 이를 사용한다. 따라서 디지털 신호는 기본적으로 2진법 수들의 나열이며, 컴퓨터가 널리 쓰이는 현대에 그 중요성이 더 커졌다고 볼 수 있다.

십진수를 이진수로 고칠 때는 십진수를 계속하여 2로 나눈 다음, 나머지를 아래부터 차례로 나열하면 편리하다. 예를 들어 십진수 13은 다음과 같이 이진수 1101과 같다.

$$
\begin{array}{r|l}
2 & 13 \\ \hline
2 & 6 \cdots 1 \\ \hline
2 & 3 \cdots 0 \\ \hline
2 & 1 \cdots 1 \\ \hline
  & 0 \cdots 1
\end{array}
\quad \uparrow \; 1101
$$

매스매틱스 4

초판 발행 · 2023년 7월 28일

지은이 · 이상엽
발행인 · 이종원
발행처 · (주)도서출판 길벗
출판사 등록일 · 1990년 12월 24일
주소 · 서울시 마포구 월드컵로10길 56(서교동)
대표전화 · 02)332-0931 | **팩스** · 02)323-0586
홈페이지 · www.gilbut.co.kr | **이메일** · gilbut@gilbut.co.kr

기획 및 책임편집 · 안윤주(anyj@gilbut.co.kr) | **디자인** · 박상희 | **제작** · 이준호, 손일순, 이진혁
영업마케팅 · 진창섭, 강요한 | **웹마케팅** · 송예슬 | **영업관리** · 김명자 | **독자지원** · 윤정아, 최희창

교정교열 · 김창수 | **전산편집** · 도설아 | **출력 및 인쇄** · 예림인쇄 | **제본** · 예림인쇄

• 잘못된 책은 구입한 서점에서 바꿔 드립니다.
• 이 책은 저작권법에 따라 보호받는 저작물이므로 무단전재와 무단복제를 금합니다. 이 책의 전부 또는 일부를 이용하려면 반드시 사전에 저작권자와 ㈜도서출판 길벗의 서면 동의를 받아야 합니다.

ISBN 979-11-407-0513-9 (04410) (길벗 도서번호 080344)
ISBN 979-11-6521-372-5 (04410) (세트)

© 이상엽, 2023
정가 17,500원

독자의 1초를 아껴주는 정성 길벗출판사

길벗 IT단행본, IT교육서, 교양&실용서, 경제경영서
길벗스쿨 어린이학습, 어린이어학

MEMO.